住房和城乡建设部"十四五"规划教材

高等职业教育建筑设备类专业"互联网+"数字化创新教材

建筑通风工程

张　玲　主　编

杨文晓　乔晓刚　焦　丹　副主编

黄奕沄　主　审

中国建筑工业出版社

图书在版编目（CIP）数据

建筑通风工程 / 张玲主编；杨文晓，乔晓刚，焦丹
副主编. -- 北京：中国建筑工业出版社，2024. 11.
（住房和城乡建设部"十四五"规划教材）（高等职业教
育建筑设备类专业"互联网＋"数字化创新教材）.
ISBN 978-7-112-30371-7

Ⅰ. TU83

中国国家版本馆 CIP 数据核字第 2024D00771 号

本教材分为 6 个模块，包括通风概述、建筑物平时通风、建筑物防火与防排烟、汽车库通风、特殊用途地下室通风、隧道及地铁通风。涵盖了民用建筑通风系统的基本原理、设计方法、施工安装等方面的内容。值得注意的是，考虑学生就业时接触最多的是民用建筑，本教材并未设置工业通风等相关内容。

为方便教学，作者自制课件资源，索取方式为：1. 邮箱：jekj@cabp.com.cn；2. 电话：（010）58337285；3. 建工书院：http://edu.cabplink.com；建筑设备 QQ 服务群：622178184。

责任编辑：王予芊　司　汉
责任校对：赵　力

住房和城乡建设部"十四五"规划教材
高等职业教育建筑设备类专业"互联网＋"数字化创新教材

建筑通风工程

张　玲　主　编
杨文晓　乔晓刚　焦　丹　副主编
黄奕沄　主　审

*

中国建筑工业出版社出版、发行（北京海淀三里河路 9 号）
各地新华书店、建筑书店经销
北京鸿文瀚海文化传媒有限公司制版
河北鹏润印刷有限公司印刷

*

开本：787 毫米×1092 毫米　1/16　印张：12　字数：295 千字
2024 年 10 月第一版　2024 年 10 月第一次印刷
定价：38.00 元（赠教师课件）
ISBN 978-7-112-30371-7
（43511）

出　版　说　明

党和国家高度重视教材建设。2016 年，中办国办印发了《关于加强和改进新形势下大中小学教材建设的意见》，提出要健全国家教材制度。2019 年 12 月，教育部牵头制定了《普通高等学校教材管理办法》和《职业院校教材管理办法》，旨在全面加强党的领导，切实提高教材建设的科学化水平，打造精品教材。住房和城乡建设部历来重视土建类学科专业教材建设，从"九五"开始组织部级规划教材立项工作，经过近 30 年的不断建设，规划教材提升了住房和城乡建设行业教材质量和认可度，出版了一系列精品教材，有效促进了行业部门引导专业教育，推动了行业高质量发展。

为进一步加强高等教育、职业教育住房和城乡建设领域学科专业教材建设工作，提高住房和城乡建设行业人才培养质量，2020 年 12 月，住房和城乡建设部办公厅印发《关于申报高等教育职业教育住房和城乡建设领域学科专业"十四五"规划教材的通知》（建办人函〔2020〕656 号），开展了住房和城乡建设部"十四五"规划教材选题的申报工作。经过专家评审和部人事司审核，512 项选题列入住房和城乡建设领域学科专业"十四五"规划教材（简称规划教材）。2021 年 9 月，住房和城乡建设部印发了《高等教育职业教育住房和城乡建设领域学科专业"十四五"规划教材选题的通知》（建人函〔2021〕36 号）。为做好"十四五"规划教材的编写、审核、出版等工作，《通知》要求：（1）规划教材的编著者应依据《住房和城乡建设领域学科专业"十四五"规划教材申请书》（简称《申请书》）中的立项目标、申报依据、工作安排及进度，按时编写出高质量的教材；（2）规划教材编著者所在单位应履行《申请书》中的学校保证计划实施的主要条件，支持编著者按计划完成书稿编写工作；（3）高等学校土建类专业课程教材与教学资源专家委员会、全国住房和城乡建设职业教育教学指导委员会、住房和城乡建设部中等职业教育专业指导委员会应做好规划教材的指导、协调和审稿等工作，保证编写质量；（4）规划教材出版单位应积极配合，做好编辑、出版、发行等工作；（5）规划教材封面和书脊应标注"住房和城乡建设部'十四五'规划教材"字样和统一标识；（6）规划教材应在"十四五"期间完成出版，逾期不能完成的，不再作为《住房和城乡建设领域学科专业"十四五"规划教材》。

住房和城乡建设领域学科专业"十四五"规划教材的特点，一是重点以修订教育部、住房和城乡建设部"十二五""十三五"规划教材为主；二是严格按照专业标准规范要求编写，体现新发展理念；三是系列教材具有明显特点，满足不同层次和类型的学校专业教学要求；四是配备了数字资源，适应现代化教学的要求。规划教材的出版凝聚了作者、主审及编辑的心血，得到了有关院校、出版单位的大力支持，教材建设管理过程有严格保障。希望广大院校及各专业师生在选用、使用过程中，对规划教材的编写、出版质量进行反馈，以促进规划教材建设质量不断提高。

住房和城乡建设部"十四五"规划教材办公室

2021 年 11 月

前　言

通风是民用建筑中不可或缺的一部分，它关系建筑内部的空气品质、环境和人类健康。随着人们对建筑环境的要求不断提高，通风工程在民用建筑中的作用越来越重要。然而民用建筑中通风系统相关内容常分散于不同的标准规范中，学生得不到较全面的学习，在工作中又会经常遇到。为解决这个矛盾，我们收集工程领域专业人员的意见，经过分类、整理编写了本教材。

本教材设立情感培养目标以及目标融入，旨在注重落实立德树人根本任务，促进学生成为德智体美劳全面发展的社会主义建设者和接班人，推动中华民族文化自信自强。为便于学生自学和复习，每模块前列有重难点内容，每章末附有课后作业，并进行分级，学有余力的同学可选做高阶的习题。结合章节内相关内容，章节末附有拓展阅读材料，增强学习效果的同时，提高学习兴趣。

在编写本教材的过程中，我们借鉴了国内工程人员通风施工图设计的实践经验，采纳最新的国家标准和规范，同时也贴合学生毕业后工作岗位的需求。为提高学生识图能力，本教材将通风工程图纸常用线型、代号、图例放于附录中，并附有一套完整图纸（电子版，可免费下载）。

本教材由浙江建设职业技术学院张玲担任主编；浙江建设职业技术学院杨文晓、乔晓刚和浙江商业职业技术学院焦丹担任副主编；由浙江建设职业技术学院潘春鹏、方民、杨群芳、郭雨辰、杭州勾勒建筑空间建筑发展有限公司方翔宇、网易（杭州）网络有限公司杨苏捷、深圳万物商企物业服务有限公司杭州分公司王博参与编写。具体分工如下：本教材有 6 个模块，其中模块 1 由乔晓刚、杨苏捷和杨群芳负责编写；模块 2 由乔晓刚和潘春鹏负责编写；模块 3 由焦丹和郭雨辰负责编写；模块 4～6 由张玲、杨文晓、方翔宇和王博负责编写。同时感谢链风环境科技（上海）有限公司在家用新风系统技术上的支持和指导，以及感谢广东中科光年数智科技有限公司在通风控制技术方面的支持与指导。

本教材获评为住房和城乡建设部"十四五"规划教材，适用于高职院校建筑设备工程技术专业和供热、燃气、通风及空调技术专业，亦可供有关工程技术人员参考。

希望通过本教材，向读者传递最前沿的通风工程技术和发展趋势，提供关于民用建筑通风工程的基本概念、原理和方法、技术和实用技能，帮助读者更好掌握民用建筑通风工程的基本原理和方法，提高通风工程的设计、施工和管理水平，为改善建筑内部环境和保障人类健康做出积极的贡献。

最后，我们衷心感谢读者对本教材的支持和关注。如果您对本教材有任何疑问或建议，请随时与我们联系。祝愿您在通风工程的学习和实践过程中取得丰硕的成果！

目　录

模块 **1**

Chapter 01

通风概述

任务 1.1 通风基础知识

教学目标

1. 认知目标
① 掌握通风的基本概念及意义；
② 掌握通风的分类：按动力分为自然通风和机械通风，按范围分为全面通风和局部通风；
③ 掌握自然通风的动力：热压与风压；
④ 掌握局部通风与全面通风的组成与应用。

2. 能力目标
开拓学生思维空间，培养学生综合思考能力；培养学生主动参与的意识，鼓励学生利用掌握的知识解决生活中相关通风问题。

3. 情感培养目标
培养学生勇于探索、积极思考、团队协作的良好行为习惯；通过课后的阅读材料开阔学生眼界、增长知识、陶冶情操；进而激发学生爱国情怀，立志学好专业，为中国建设行业现代化发展添砖加瓦。

4. 情感培养目标融入
通风技术与建筑防火排烟、室内换气、防止室内病菌传播、人类健康等息息相关，与国家近年倡导的绿色建筑、节能减排及生态文明建设等需求联系密切，在建筑物内部采取合理的通风方式，是实现良好室内空气品质的有效手段。

教学重点

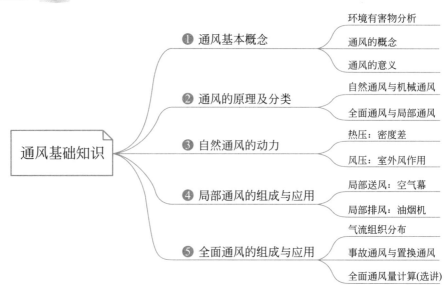

通风基础知识
- ❶ 通风基本概念
  - 环境有害物分析
  - 通风的概念
  - 通风的意义
- ❷ 通风的原理及分类
  - 自然通风与机械通风
  - 全面通风与局部通风
- ❸ 自然通风的动力
  - 热压：密度差
  - 风压：室外风作用
- ❹ 局部通风的组成与应用
  - 局部送风：空气幕
  - 局部排风：油烟机
- ❺ 全面通风的组成与应用
  - 气流组织分布
  - 事故通风与置换通风
  - 全面通风量计算(选讲)

教学难点

本任务内容以概念和应用为主，难度不高，学生比较容易理解并掌握。

全面通风量计算内容为选讲内容，要求能力较强的学生掌握即可，体现分层教育。

1.1.1　环境有害物分析

环境中有害物质大多来源于工业生产过程中逸出的废气和烟。在通风除尘技术中，把固体或液体微粒（其大小为 $0.001 \sim 100 \mu m$）分散在气体介质中（主要指空气）所组成的分散系统称之为气溶胶。根据来源及物理性质的不同，可分为：

1. 灰尘（Dust）

灰尘包括所有固态分散性微粒，粒径上限约 $200 \mu m$；

粒径在 $10 \mu m$ 以上的为"降尘"，粒径在 $10 \mu m$ 以下的为"飘尘"，大气中浮游数量最多的微粒粒径为 $0.1 \sim 10 \mu m$。

2. 烟（Smoke）

烟包括所有凝聚性固态微粒以及液态粒子和固态粒子因凝集作用而生成的微粒，通常是燃烧过程或其他化学高温过程的产物。

粒径范围约为 $0.01 \sim 1 \mu m$，由于粒径小，它们在空气中沉降得很慢，呈强烈的布朗运动，有较强的扩散能力。如铅金属蒸汽氧化生成的 PbO，煤、焦油燃烧生成的烟就是属于这一类。

3. 雾（Mist）

雾包括所有液态分散性微粒和液态凝聚性微粒，如很小的水滴、油雾、漆雾、硫酸雾等，粒径范围约为 $0.1 \sim 10 \mu m$。雾是由大量悬浮在近地面空气中的微小水滴或冰晶组成的气溶胶系统，是近地面层空气中水汽凝结（或凝华）的产物。

4. 烟雾（Smog）

烟雾指大气中自然形成的雾与人为排出的烟气的混合体。

5. 霾（Haze）

霾是指悬浮在大气中的大量微小尘粒、烟粒或盐粒的集合体，是一种非水合物组成的气溶胶系统。霾一般呈乳白色，它使物体的颜色减弱，使远处光亮物体微带黄红色，而黑暗物体微带蓝色。霾的形成与污染物的排放密切相关，城市中机动车尾气以及其他烟尘排放源排出粒径在微米级的细小颗粒物，停留在大气中，当逆温、静风等不利于扩散的天气出现时，就形成霾。

现在受到广泛关注的 $PM_{2.5}$，是指大气中直径小于或等于 $2.5 \mu m$ 的颗粒物，也称为可入肺颗粒物。虽然 $PM_{2.5}$ 只是地球大气成分中含量很少的组分，但它对空气质量和能见度等有重要的影响。$PM_{2.5}$ 粒径小，富含大量的有毒、有害物质，且在大气中的停留时间长、输送距离远，因而对人体健康和大气环境质量的影响更大。国家相关标准规定了车间空气中有害物质的最高容许浓度和居住区大气中有害物质的最高容许浓度（表 1.1）。车间空气中有害物质的最高容许浓度是按工人在此浓度下长期进行生产劳动，而不会引起急性或慢性职业病为基础制定的，居住区大气中有害物质的一次最高容许浓度一般是根据不引起黏膜刺激和恶臭而制定的；日平均最高容许浓度主要是根据防止有害物质的慢性中毒而制定的。

居住区大气中有害物质的最高容许浓度

表 1.1

编号	物质名称	最高容许浓度（mg/m³）		编号	物质名称	最高容许浓度（mg/m³）	
		一次	日平均			一次	日平均
1	一氧化碳	3.00	1.00	18	环氧氯丙烷	0.20	—
2	乙醛	0.01	—	19	氟化物（换算成F）	0.02	0.007
3	二甲苯	0.30	—	20	氨	0.20	—
4	二氧化硫	0.50	0.15	21	氧化氮（换算成NO₂）	0.15	—
5	二硫化碳	0.04	—	22	砷化物（换算成As）	—	0.003
6	五氧化二磷	0.15	0.05	23	敌百虫	0.10	—
7	丙烯腈	0.05	—	24	酚	0.02	—
8	丙烯醛	0.10	—	25	硫化氢	0.01	—
9	丙酮	0.80	—	26	硫酸	0.30	0.10
10	甲基对硫磷（甲基E605）	0.01	—	27	硝基苯	0.01	—
11	甲醇	3.00	1.00	28	铅及其无机化合物（换算成Pb）	—	0.0007
12	甲醛	0.05	—	29	氯	0.10	0.03
13	汞	—	0.0003	30	氯丁二烯	0.10	—
14	吡啶	0.08	—	31	氯化氢	0.05	0.015
15	苯	2.40	0.80	32	铬（六价）	0.0015	—
16	苯乙烯	0.01	—	33	锰及其化合物（换算成MnO₂）	—	0.01
17	苯胺	0.10	0.03	34	飘尘	0.50	0.15

注：1. 一次最高容许浓度，指任何一次测定结果的最大容许浓度值。

2. 日平均最高容许浓度，指任何一日的平均浓度的最大容许值。

3. 本表所列各项有害物质的检验方法，应按现行大气监测检验相关办法执行。

4. 灰尘自然沉降量，可在当地清洁区实测数值的基础上增加 $3\sim5t/km^2/$ 月。

当然，卫生标准并不是一成不变的，随着国家经济技术的发展、人民生活水平的提高而不断提高要求，而且自然界中、生产工艺过程中产生所散发的有害物是多种多样的。

1.1.2 通风的概念及意义

根据人体对环境舒适性（含温度、相对湿度、空气速度、新风量等）的要求，通风的任务就是改变室内空气环境，即在建筑室内，利用自然或机械的方法将室内被污染的空气直接或经净化后排出室外，把新鲜空气或经过净化符合卫生要求的空气送入室内，从而保证室内的空气环境符合卫生标准和满足生产工艺的要求。

通风的功能主要有：提供人呼吸所需要的氧气；稀释室内污染物或气味；排除室内工艺过程产生的污染物；除去室内多余的热量（余热）或湿量（余湿）；提供室内燃烧设备燃烧所需的空气等。

　　可见，通风是改善空气条件的方法之一，它包括从室内排出污浊空气和向室内补充新鲜空气两个方面，前者称为排风，后者称为送风。为实现排风和送风所采用的一系列设备、装置的总体称为通风系统。

1.1.3　通风的原理及分类

　　通风系统按服务对象不同可分为民用建筑通风和工业建筑通风。民用建筑通风是对民用建筑中人员及活动所产生的污染物进行治理而进行的通风；工业建筑通风是对生产过程中的余热、余湿、粉尘和有害气体等进行控制和治理而进行的通风。本教材主要阐述民用建筑通风有关内容。

　　通风系统按通风的动力不同可以划分为自然通风和机械通风。

　　自然通风是依靠室外风运动造成的"风压"，以及室内外空气温差造成的"热压"来实现空气流动的。机械通风由风机提供动力造成室内空气流动，它不受自然条件的限制，可以通过风机把空气送至室内任何指定地点，也可以从室内任何指定地点把空气排出。

　　通风系统按其作用范围不同可分为局部通风和全面通风。局部通风是指为改善室内局部空间的空气环境，向该空间送入或从该空间排出空气的通风方式。全面通风也称稀释通风，它是对整个车间或房间进行通风换气，将新鲜的空气送入室内，同时把污浊空气不断排至室外，以改变室内的温、湿度和稀释有害物的浓度，使工作地带的空气环境符合卫生标准的要求。

1. 自然通风

　　自然通风的动力有热压和风压两种。热压主要是由于室内外温度差导致室内外空气密度差所产生的；风压主要指室外风作用在建筑物外围护结构而造成的室内外静压差。风压和热压作用下的自然通风示意如图 1.1 所示。

　　自然通风不需要消耗机械动力，使用管理方便。对于产生大量余热的车间，利用自然通风可以获得较大的换气量，是一种经济有效的通风方式。但是自然通风对室外进入的空气无法预先进行处理，同时对排除的室内空气也无法进行净化处理，而且易受室外气象条件的影响，特别是风力的作用很不稳定，所以自然通风主要用于排除房间余热。

2. 局部通风

　　局部通风是利用局部气流使局部工作地点不受有害物的污染，形成良好的空气环境。这种通风方式所需要的风量小、效果好，是防止工业有害物污染室内空气和改善作业环境最有效的通风方法，设计时应优先考虑。局部通风可分为局部送风系统和局部排风系统。

　　（1）局部送风系统

　　局部送风系统是以一定的速度将空气直接送到指

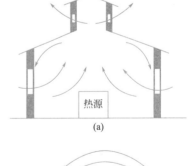

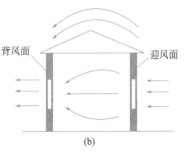

图 1.1　自然通风示意
(a) 热压作用；(b) 风压作用

定地点的通风方式。对于面积较大，工作地点比较固定，操作人员较少的生产车间，用全面通风的方式改善整个车间的空气环境是困难的，而且也不经济。通常在这种情况下，就可以采用局部送风，形成对工作人员合适的局部空气环境。局部送风系统又可分为系统式和分散式局部送风两种。

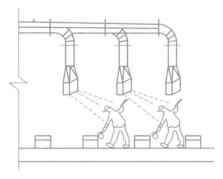

图 1.2　系统式局部送风系统

1）系统式局部送风

系统式局部送风，是通过送风管道及送风口，将室外新风以一定风速直接送到工人的操作岗位，也称作空气淋浴或岗位吹风，使局部地区空气品质和热环境得到改善（图 1.2）。

2）分散式局部送风

风扇送风采用轴流风扇或喷雾风扇在高温车间内部进行局部送风，适用于对空气处理要求不高，可采用室内再循环空气的地方。有普通风扇、喷雾风扇。

空气幕（图 1.3）是局部送风的一种设备。它是利用条状喷口喷出一定速度和温度的幕状气流，用于隔断室内外空气对流的送风装置。其作用是减少或隔绝外界气流的侵入，阻挡粉尘、有害气体及昆虫的进入，维持室内或某一工作区域的环境条件。

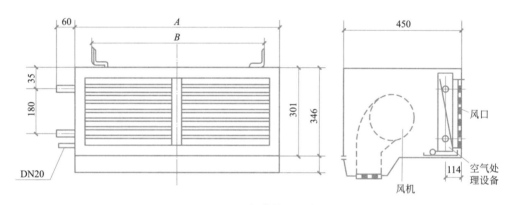

图 1.3　空气幕构造示意

空气幕由空气处理设备、风机、风口组合而成。根据空气幕送风温度不同可以分为热空气幕（RM）、冷空气幕（LM）和等温空气幕（FM）。

等温空气幕的空气未经处理直接送出，构造简单、体积小、适用范围广，多用于非严寒地区隔断气味、昆虫，或用于夏季空调建筑的大门。

（2）局部排风系统

局部排风系统由排风罩、通风管道、除尘器和通风机等组成，如图 1.4 所示。它是防止工业有害物污染室内空气最有效的方法，在有害物产生的地点直接将它们捕集起来，经过净化处理，排至室外。与全面通风相比，局部排风系统需要的风量小、效果好，设计时应优先考虑。民用住宅建筑中的厨房排油烟系统、卫生间排风设施也属于局部排风。

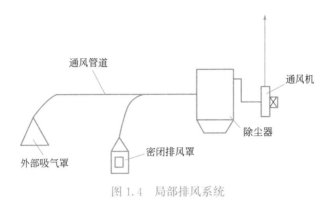

图 1.4 局部排风系统

3. 全面通风

（1）概念

全面通风也称稀释通风，它是对整个车间或房间进行通风换气，是将新鲜的空气送入室内以改变室内的温、湿度和稀释有害物的浓度，同时把污浊空气不断排至室外，使工作地带的空气环境符合卫生标准的要求。

（2）分类

全面通风可以采用自然通风或机械通风；按照系统形式可分为全面送风、全面排风、全面送排风。

1）全面送风

全面送风，是指向整个车间全面均匀地进行送风的方式，为全面机械送风系统，它利用风机把室外大量新鲜空气经过风道、风口不断送入室内，将室内空气中的有害物浓度稀释到国家卫生标准的允许范围内，以满足卫生要求，这时室内处于正压，室内空气通过门、窗排至室外。

2）全面排风

全面排风，是指既可以利用自然排风，也可以利用机械排风，在生产有害物的房间设置全面机械排风系统，它利用全面排风将室内的有害气体排出，而进风来自不产生有害物的邻室和本房间的自然进风，通过机械排风造成一定的负压，可以防止有害物向卫生条件好的邻室扩散。

3）全面送排风

在很多情况下，一个车间可采用全面送风系统和全面排风系统相结合的全面送排风系统，如门窗密闭、自然排风和进风比较困难的场所，可以通过调整送风量和排风量的大小，使房间保持一定的正压或负压。

全面通风系统一般是由进风百叶窗、空气过滤器、空气处理器、通风机、风道、送排风口等设备组成。地下车库的送风排烟系统就属于全面通风。

（3）特点

全面通风的效果与通风量和通风气流的组织有关。它适用于有害物分布面积广、不能采用局部排风，或采用局部排风仍达不到卫生要求的场合。全面通风所需的风量大，设备较为庞大。

所谓气流的组织，就是在是空调房间内合理地布置送风口和回风口，使得经过净化和热湿处理的空气，由送风口送入室内后，在扩散与混合的过程中，均匀地消除室内余热和余湿，从而使工作区形成比较均匀而稳定的温度、湿度、气流速度和洁净度，以满足生产工艺和人体舒适的要求。

（4）应用

1）事故通风

事故通风是用于排除或稀释生产车间内发生事故时突然散发大量有害物质、有爆炸危险的气体或蒸气的通风方式。为了防止其对工作人员造成伤害和财产损失而设置的排风系统称事故通风系统。事故通风量宜根据放散物的种类、安全及卫生浓度要求，按全面排风计算确定，且换气次数不应小于 12 次/h。事故通风还应根据放散物的种类设置相应的检测报警及控制系统，手动控制装置应在室内外便于操作的地点分别设置。

事故排风宜由经常使用的通风系统和事故通风系统共同保证，当事故通风量大于经常使用的通风系统所要求的风量时，宜设置双风机或变频调速风机；但在发生事故时，必须保证事故通风要求。

事故排风的室外排风口不应布置在人员经常停留或经常通行的地点以及邻近窗户、天窗、门等设施的位置。排风口与机械送风系统的进风口的水平距离不应小于 20m；当水平距离不足 20m 时，排风口应高出进风口并不宜小于 6m。当排气中含有可燃气体时，排风口应远离火源 30m 以上，距可能火花溅落地点应大于 20m。排风口不应朝向室外空气动力阴影区，不宜朝向空气正压区。

事故通风只是在紧急的事故情况下使用，因此排风可以不经净化处理而直接排向室外而且也不必设机械补风系统，可由门、窗自然补入空气，但应注意留有空气自然补入的通道。

2）置换通风

置换通风，是指借助空气浮力作用的机械通风方式。空气以低速（0.2m/s 左右）、高送风温度（≥18℃）的状态送入活动区下部，在送风及室内热源形成的上升气流的共同作用下，将污浊空气提升至顶部排出。其目的是保持活动区域的温度、浓度符合设计要求，允许活动区上方存在较高的温度和浓度，以节约降温的能耗。

（5）全面换气量的计算

1）消除余热所需要的换气量：$G_1 = 3600 \dfrac{Q}{(t_p - t_j)c}$ ，（kg/h）

2）消除余湿所需要的换气量：$G_2 = 3600 \dfrac{G_{sh}}{d_p - d_j}$ ，（kg/h）   （1-1）

3）稀释有害物所需要的换气量：$G_3 = 3600 \dfrac{\rho M}{c_y - c_j}$ ，（kg/h）

式中，Q——余热量，kW；

    t_p——排出空气的温度，℃；

    t_j——进入空气的温度，℃；

    c——空气的比热，1.0kJ/(kg·K)；

    G_{sh}——余湿量，g/s；

    d_p——排除空气的含湿量，g/kg；

    d_j——进入空气的含湿量，g/kg；

M——室内有害物的散发量，mg/s；

c_y——室内空气中有害物质最高允许浓度，mg/m^3；

c_j——进入空气中有害物质的浓度，mg/m^3；

ρ——空气密度，kg/m^3。

4）房间内同时放散余热、余湿和有害物质时，换气量按其中最大值取。

5）如室内同时散发几种有害物质时，换气量按其中最大值取。但当数种溶剂（苯及其同系物、醇类或者醋酸酯类）的蒸汽或数种刺激性的气体（三氧化硫及二氧化硫或氟化氢及其盐类等）同时在室内放散时，换气量按稀释各有害物所需换气量的总和计算。

6）当散发有害物数量不能确定时，全面通风的换气量可按换气次数确定。建筑物的换气次数应符合相关规范要求。

换气次数是衡量空间稀释情况好坏，也就是通过稀释达到的混合程度的重要参数，同时也是估算空间通风量的依据。对于确定功能的空间，比如建筑房间，可以通过查相应的数据手册找到换气次数的经验值，根据换气次数和体积估算房间的通风换气量。换气次数可由下式计算得到：

$$n = L/V \tag{1-2}$$

式中，n——空间的换气次数，次/h；

L——通风量，m^3/h；

V——房间容积，m^3。

课后作业 🔍

一、预习作业（想一想）

1. 风管的风速与管径的关系是什么？

2. 风道的阻力与管道材料有什么关系？

二、基本作业（做一做）

1. 整理本次课的课堂笔记。

2. 名词解释：气流组织、全面通风、置换通风、事故通风。

3. 阐述自然通风的动力。

4. 全面通风系统由哪些部分组成？

5. 在通风除尘技术中的气溶胶颗粒大小为（ ）。

A. $0.001 \sim 100\mu m$　　B. $0.1 \sim 10\mu m$　　C. $0.01 \sim 1\mu m$　　D. $1 \sim 200\mu m$

6. 事故通风量宜根据放散物的种类、安全及卫生浓度要求，按全面排风计算确定，且换气次数不应小于（ ）。

A. 8/h　　　　　B. 10 次/h　　　　C. 12 次/h　　　　D. 14 次/h

7. 高级饭店厨房的通风方式宜采用（ ）。

A. 自然通风　　B. 机械通风　　C. 不通风　　D. 机械送风

8. 下列房间可不设机械排风的是（ ）。

A. 公共卫生间　　　　　　　　　B. 高层住宅暗卫生间

C. 旅馆客房卫生间   D. 多层住宅有外窗的小卫生间

9. 通风房间的换气次数是指（   ）。

A. 房间的通风量与房间的体积之比   B. 房间的体积与房间的通风量之比

C. 房间的进风量与房间体积之比   D. 房间的排风量与房间体积之比

10. 请判断以下图示中通风的形式。

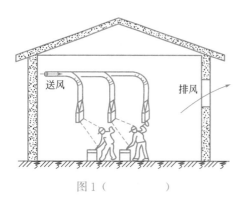
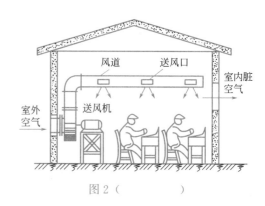

图 1（   ）   图 2（   ）

三、提升作业（选做）

某车间同时散发几种有机溶剂蒸汽，它们的散发量分别为：苯 2kg/h，醋酸乙酯 1.2kg/h，乙醇 0.5kg/h，已知该车间消除余热所需的全面通风量为 50m³/s。求该车间所需的全面通风量。

任务 1.2   通风设备知识

教学目标

1. 认知目标

① 掌握通风系统设备组成；

② 掌握通风风管材料及规格；

③ 掌握风管计算的基础知识；

④ 了解风管管路计算。

2. 能力目标

让学生积极动脑、动手、动口，培养学生主动参与的意识；通过风管管路基本计算讲解，培养学生计算分析能力；在探究风管管路设计计算中，培养学生初步具备运用基础理论解决实际工程问题的能力。

3. 情感培养目标

培养学生勇于探索、积极思考、团队协作的良好行为习惯，培养学生职业素养，开阔学生视野，激发学生的经济、环保、节能意识，提高创新能力。

4. 情感培养目标融入

通过风管内风速的确定、风管的压力损失与风速的关系，合理地选用风管的规格和确定动力设备，激发学生的节能坏保意识，鼓励学生走向生活，发现通风系统在生活中的广泛运用，运用所学的知识解决实际问题。

教学重点

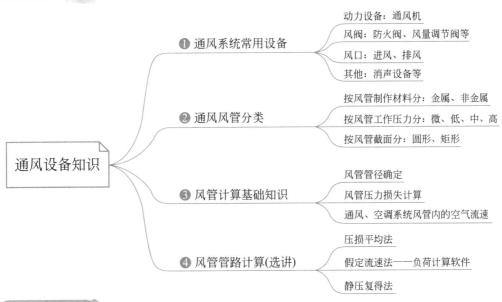

通风设备知识

① 通风系统常用设备
- 动力设备：通风机
- 风阀：防火阀、风量调节阀等
- 风口：进风、排风
- 其他：消声设备等

② 通风风管分类
- 按风管制作材料分：金属、非金属
- 按风管工作压力分：微、低、中、高
- 按风管截面分：圆形、矩形

③ 风管计算基础知识
- 风管管径确定
- 风管压力损失计算
- 通风、空调系统风管内的空气流速

④ 风管管路计算(选讲)
- 压损平均法
- 假定流速法——负荷计算软件
- 静压复得法

教学难点

本模块内容以概念和应用为主，难度不高，学生容易理解并掌握。

风管管路的设计计算内容为选讲内容，要求能力较强的学生掌握，体现分层教育。

1.2.1　通风系统常用设备

1. 通风机

一般通风空调工程中常用的通风机按其工作原理可分为离心、轴流和贯流三种。近年来，在工程中广泛使用的混流风机以及斜流风机等均可看成是上述风机派生而来的，从用途上可分为通用、消防排烟用、屋顶用、诱导型、防腐型、排尘和防爆型等（图 1.5）。

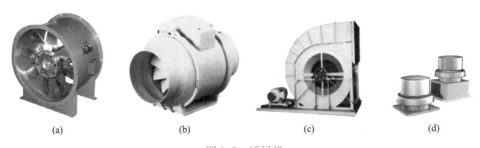

| (a) | (b) | (c) | (d) |

图 1.5　通风机

(a) 轴流式风机；(b) 混流风机；(c) 离心风机；(d) 屋顶用风机

11

通风机旋转方向有右旋和左旋两种。判别方法是从电动机一侧观看通风机，顺时针旋转为右旋，逆时针旋转为左旋。

通风机的选择应注意：

（1）根据通风机输送气体的性质以及对应管路系统的基本特性，确定选用通风机的类型。

（2）通风机的风量应在系统计算总风量上附加风管和设备的漏风量，一般用在送排风系统的定转速通风机风量附加5%～10%，除尘系统风量附加10%～15%，排烟系统风量附加10%～20%。

（3）采用定转速通风机时通风机的压力应在系统计算的压力损失上附加10%～15%，除尘系统附加15%～20%，排烟系统附加10%。

（4）采用变频调速时，通风机的压力应以系统计算总压力损失作为额定压力，但通风机电动机的功率应在计算值上附加15%～20%。

（5）通风机的选用设计工况效率，不应低于通风机最高效率的90%。

（6）多台通风机并联或串联运行时，宜选择同型号的通风机。

（7）当通风机使用工况与风机样本工况不一致时，应对通风机性能进行修正。

2. 风量调节阀

风量调节阀是工业厂房民用建筑的通风、空气调节及空气净化工程中不可缺少的中央空调末端配件，一般用在空调，通风系统管道中，用来调节支管的风量，也可用于新风与回风的混合调节。有手动、电动风阀，材料有铁板、镀锌板、铝合金板、不锈钢板四种。

常用风量调节阀有蝶阀、平行多页调节阀、对开多页调节阀、矩形三通阀等。如图1.6所示。

  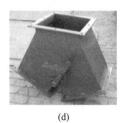

    （a）   （b）   （c）   （d）

图1.6　风量调节阀

（a）蝶阀；（b）平行多页调节阀；（c）对开多页调节阀；（d）矩形三通阀（手动）

3. 插板阀

插板阀的功能简单，只有单纯的开关功能，如图1.7所示。

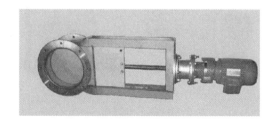

图1.7　插板阀

4. 防火阀

（1）70℃的防火阀（防火调节阀）

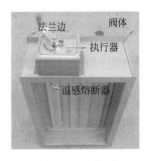

图 1.8 防火阀

为了阻止火灾时火势和有毒高温烟气通过风管蔓延扩人，在通风、空调系统的风管上需设置防火阀。厨房、浴室和厕所等的排风管道与竖井连接时也应采取相应措施防止火势沿着排风管在各楼层间蔓延。厨房、浴室和厕所等的排风管道与竖井相连时，若无防止回流的措施时应在支管上设置防火阀；当有防止回流的措施时，可不设防火阀。

防火阀（图 1.8）应能在温度达到 70℃时自动关闭，一般可采用易熔片式自动关闭，并与风机联锁。在 70℃时，温度熔断器熔断，使阀门关闭；输出阀门关闭信号，通风空调系统风机停机；无级调节风量。

通风空气调节系统的风管在下列部位应设置公称动作温度为 70℃的防火阀，平时呈开启状态：①穿越防火分区处；②穿越通风空气调节机房的房间隔墙和楼板处；③穿越重要或火灾危险性大的场所的房间、隔墙和楼板处；④穿越防火分隔处的变形缝两侧；⑤竖向风管与每层水平风管交接处的水平管段上。

防火阀的安装（图 1.9）应符合下列规定：①防火阀靠近防火分隔处设置；②防火阀暗装时应在安装部位设置方便维护的检修口；③在防火阀两侧各 2.0m 范围内的风管及其绝热材料应采用不燃材料；④防火阀应符合《建筑通风和排烟系统用防火阀门》GB 15930—2007 的规定。

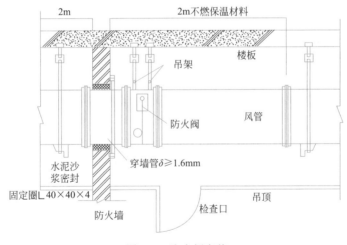

图 1.9 防火阀安装

（2）280℃的防火阀（排烟防火阀）

排烟防火阀应设置在排烟系统的管道上，或安装在排烟风机的吸入口处，兼有自动排烟阀和防火阀的功能，平时处于开启状态。当管道内气流温度达到 280℃时，易熔金属的温度熔断器动作而自动关闭，切断气流，防止火灾蔓延。

（3）排烟阀（图 1.10）

图 1.10 排烟阀

安装在机械排烟系统各支管端部（烟气吸入口）处，

13

平时呈关闭状态并满足漏风量要求，火灾或需要排烟时手动和电动打开。它的基本功能有：感温（烟）电信号联动，排烟风机同时启运；手动使阀门开启，排烟风机同时启动；输出阀门开启信号。

5. 消声器

对于通风与空调系统产生的噪声，当自然衰减不能达到允许噪声标准时，应设置消声设备或采取其他消声措施。系统所需的消声量可通过计算确定，选择消声设备时应根据系统所需消声量、噪声源频率特性和消声设备的声学性能及空气动力特性等因素，经技术经济比较确定。一般空调通风系统减噪选用阻抗复合式消声器，排风系统可选用阻性消声器。

常用的消声器有：

（1）阻性消声器

阻性消声器是生产利用声波在多孔性吸声材料或吸声结构中传播，因摩擦将声能转化为热能而散发掉，使沿管道传播的噪声随距离而衰减，从而达到消声目的的消声器。这类消声器对高频噪声具有良好的消声效果，而低频消声性能较差。

（2）抗性消声器

抗性消声器是生产通过管道截面的突变处或旁接共振腔等在声传播过程中引起阻抗的改变而产生声能的反射、干涉，从而降低由消声器向外辐射的声能，以达到消声目的的消声器。用以消除以低频或低中频为主的设备声源。

（3）共振性消声器

共振性消声器也可属于抗性范畴，主要用以消除以低频或中频窄带噪声或噪声峰值，且具有阻力小，不用吸声材料等特点。

（4）阻抗复合消声器

阻抗复合消声器是指将声吸收和声反射恰当地组合起来的消声器。它同时有阻性消声器消除中、高频噪声和抗性消声器消除低、中频噪声的特性，具有宽频带的消声效果。

（5）消声弯头

消声弯头是内衬吸声材料的弯头，对声波有显著衰减作用。

6. 风口

机械送风系统进风口的位置应符合下列规定：（1）应设在室外空气较清洁的地点；（2）应避免进风、排风短路；（3）进风口下缘距室外地坪不宜小于 2m，当设在绿化地带时，不宜小于 1m。

建筑物全面排风系统吸风口的布置应符合下列规定：

（1）位于房间上部区域的吸风口，除用于排除氢气与空气混合物时，吸风口上缘至顶棚平面或屋顶的距离不大于 0.4m。

（2）用于排除氢气与空气混合物时，吸风口上缘至顶棚平面或屋顶的距离不大于 0.1m。

（3）用于排除密度大于空气的有害气体时，位于房间下部区域的排风口其下缘至地板距离不大于 0.3m。

（4）因建筑结构造成有爆炸危险气体排出的死角处，应设置导流设施。

1.2.2 风管的分类

风管是用于空气输送和分布的管道系统。

1. 风管材料

按风管的制作材料可分为金属风管和非金属风管。

（1）金属风管

① 普通薄钢板

这类钢板属于乙类钢，是钢号为 Q235B 的冷、热轧钢板，它有较好的加工性能和较高的机械强度，价格便宜。适用于一般通风用的送风、排风系统，排烟系统和除尘系统。

② 镀锌钢板

镀锌钢板厚度一般为 0.5～1.5mm，长宽尺寸与普通薄钢板相同。镀锌钢板表面有保护层，可防腐蚀，一般不需刷漆，对该钢板的要求是表面光滑干净，镀锌量一般不应低于 $80g/m^2$，净化空调系统风管镀锌量应不小于 $100g/m^2$。一般用在低、中、高压空调系统，特别是对温湿度要求较高场合的送、回风系统；洁净空调的中效过滤器前部和中效至高效过滤器之间的送风系统。

③ 不锈钢板

不锈钢板有较高的塑性韧性和机械强度，耐腐蚀，是一种不锈的合金钢。其主要元素镉的化学稳定性高，在表面形成钝化膜，保护钢板不氧化并增加其耐腐蚀能力。不锈钢应具有表面光洁、不易腐蚀和耐酸等特点，可以用于超净系统高效过滤器后的送风管以及化工工业耐腐蚀的风管系统中。

④ 铝板

铝板有纯铝和合金铝。合金铝板机械强度较高，抗腐蚀能力较差，通风工程用铝板多数为纯铝和经退化处理过的合金铝板。铝板色泽美观，密度小，有良好的塑性，耐酸性较强，有较好的抗化学腐蚀能力，但易被盐酸和碱类腐蚀。由于铝板质软，碰撞不出现火花，因此多用作有防爆要求的通风管道。

⑤ 塑料复合钢板

在普通钢板上面粘贴或喷涂一层塑料薄膜，即为塑料复合钢板，它的特点是耐腐蚀，弯折、咬口、钻孔等的加工性能也好，常用于空气洁净系统及温度在 −10～70℃ 范围内的通风与空调系统。

（2）非金属管道

① 硬聚氯乙烯塑料板：它具有表面平整光滑，耐酸碱腐蚀性强，物理机械性能良好，制作方便，不耐高温和太阳辐射，适用于 0～60℃ 的环境、有酸性腐蚀作用的通风管道。

② 玻璃钢：玻璃钢是以玻璃纤维制品（如玻璃布）为增强材料，以树脂为胶粘剂，经过一定的成型工艺制作而成的一种轻质、高强度的复合材料。它具有较好的耐腐蚀性、耐火性和成型工艺简单等优点，常用于排除腐蚀性气体的通风系统中。

保温玻璃钢风管将管壁制成夹层，夹心材料可以为聚苯乙烯、聚氨酯泡沫塑料、蜂窝纸等保温材料，用于需要保温的通风系统。

③ 复合风管

酚醛复合风管：酚醛泡沫材料具有阻燃性能好，导热系数小，吸声性能优良，使用年限长等优点，酚醛复合风管板中间层为酚醛泡沫，内外层分别为彩钢或压花铝箔复合而成，其制成的酚醛复合风管适用于空调通风系统。

玻纤复合风管：为了适用新技术、新规范而研制的一种新型风管，以超细玻纤板为基

15

础，两面复合彩钢制作而成。集保温、消声、防潮、防火、防腐等多项功能于一体，具有重量轻、漏风量小、制作安装快、占用空间小、通风好、性能价格比较合理等优点。玻纤复合风管保温性能略低于酚醛复合风管，但其组成材料全部达到不燃 A 级，可用于空调通风及防排烟系统。

装配式防火风管：适应《建筑防烟排烟系统技术标准》GB 51251—2017 关于耐火极限要求而研发的复合风管。其主材为防火隔热一体化板，该材料以防火纤维布为增强材料，以航天硅钙质材料为防火层，以耐高温（1200℃）玄晶板为隔热层，采用机械化自动复合流水线工艺，经制浆成胚、恒温恒湿养护而成。装配式防火风管耐火极限最高可达3h 以上，广泛用于各类防烟排烟系统。

彩钢消声复合风管：属于新一代的彩钢复合风管，因其具有的消声性能，可以取代原空调系统中风管消声器的设置，特别是空调机房处的消声器。同时也为客户节约了投资成本。

风管材料种类众多，如图 1.11 所示。

 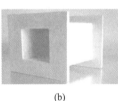  

(a)　　　　　　　　(b)　　　　　　　　(c)　　　　　　　　(d)

图 1.11　各种风管

(a) 镀锌钢板风管；(b) 无机玻璃钢风管；(c) 复合玻镁风管；(d) 玻纤复合板风管

（3）风管材料的选用

1）接触腐蚀性介质的风管和柔性接头，可采用难燃材料。

2）体育馆、展览馆、候机（车、船）建筑（厅）等大空间建筑，单、多层办公建筑和丙、丁、戊类厂房内通风、空气调节系统的风管，当不跨越防火分区且在穿越房间隔墙处设置防火阀时，可采用难燃材料。

3）其他情况的通风、空气调节系统的风管应采用不燃材料。

4）户式新风系统中可采用普通的硬聚氯乙烯塑料或者性能更好的 HDPE 管材。

2. 风管系统工作压力

按风管系统的工作压力可分为微压系统、低压系统、中压系统和高压系统（表 1.2）。

风管系统按工作压力分类　　　　　　　　　　　　　　　　表 1.2

系统类别	系统的工作压力 P(Pa)	密封要求
微压系统	$P \leqslant 125$	接缝和接管连接处应严密
低压系统	$125 < P \leqslant 500$	接缝和接管连接处应严密，密封面宜设在风管的正压侧
中压系统	$500 < P \leqslant 1500$	接缝和接管连接处应加设密封措施
高压系统	$1500 < P \leqslant 2500$	所有的拼接缝和接管连接处，均应采取密封措施

对于金属风管，中高压风管的管段长度大于 1250mm 时，应采用加固框的形式加固。洁净空调系统的风管不应采用内部加固措施或加固筋。

3. 风管管通截面

按管道截面可分为圆形风管和矩形风管（图 1.12）。

图 1.12　圆形风管与矩形风管

（1）圆形风管主要用于除尘系统，其常用规格见表 1.3。

圆形风管常用规格　　　　　　　　　　　　　表 1.3

风管直径 D (mm)					
基本系列	辅助系列	基本系列	辅助系列	基本系列	辅助系列
100	80	280	260	800	750
	90	320	300	900	850
120	110	360	340	1000	950
140	130	400	280	1120	1060
160	150	450	420	1250	1180
180	170	500	480	1400	1320
200	190	560	530	1600	1500
220	210	630	600	1800	1700
250	240	700	670	2000	1900

（2）矩形风管与建筑物配合度较好，占用建筑层高较低，且制作方便，所以空调系统及民用建筑通风一般采用矩形风管。其常用规格见表 1.4。

矩形风管常用规格　　　　　　　　　　　　　表 1.4

风管边长（长边×短边）		风管边长（长边×短边）		风管边长（长边×短边）	
120×120	250×250	500×200	630×630	1000×630	1600×800
160×120	320×160	500×250	800×320	1000×800	1600×1000
160×160	320×200	500×320	800×400	1000×1000	1600×1250
200×120	320×250	500×400	800×500	1250×400	2000×800
200×160	320×320	500×500	800×630	1250×500	2000×1000
200×200	400×200	630×250	800×800	1250×630	2000×1250
250×120	400×250	630×320	1000×320	1250×800	—
250×160	400×320	630×400	1000×400	1250×1000	—
250×200	400×400	630×500	1000×500	1600×500	—

在某些公共建筑的空调工程中，由于受到层高和吊顶高度的制约，矩形风管无法采用统一规格的标准尺寸，所以不得不尽量减小矩形断面的高度。为了适当满足这种需要，给出钢板非标准矩形风管规格，但其矩形截面的长短边之比不宜大于 4 : 1。钢板非标准矩形风管规格见表 1.5。

钢板非标准矩形风管规格 表 1.5

风管边长(mm)长边×短边		风管边长(mm)长边×短边		风管边长(mm)长边×短边	
320×120	400×160	630×2000	800×250	1000×320	1600×4000
400×120	500×160	800×200	1000×250	1250×320	2000×500

金属风管可采用管内或管外加固件、管壁压制加强筋等形式进行加固。矩形风管的边长大于或等于 630mm，保温风管边长大于或等于 800mm，其管段长度大于 1250mm 或低压风管单边面积大于 1.2m² ，中高压风管的单边面积大于 1.0m² 时，均应采取加固措施。

1.2.3 风管计算基础知识

风管设计的基本任务是，首先根据生产工艺和建筑物对通风空调系统的要求，确定风管系统的形式、风管的走向和在建筑空间内的位置以及风口的布置，并选择风管的断面形状和风管的尺寸（对于公共建筑风管高度的选取往往受到吊顶空间的制约），然后计算风管的沿程压力损失和局部压力损失，最终确定风管的尺寸，并选择通风机或空气处理机组。

1. 风管管径确定

（1）圆形风管：

$$d = \sqrt{\frac{4L/3600}{\pi[v]}} \tag{1-3}$$

式中，L——风量，m³/h；

$[v]$——限定流速，m/s。

（2）矩形风管：

$$b \times h = \frac{L/3600}{[v]} \tag{1-4}$$

式中，$b \times h$——风管的规格，宽×高，建议宽高比不大于 4 : 1。

2. 风管压力损失计算

风管压力损失＝沿程压力损失＋局部压力损失，即：

$$\Delta P = \Delta P_m + \Delta P_j \tag{1-5}$$

（1）风管的沿程压力损失及计算

风管的沿程压力损失是由于管道的摩擦引起的，风管的沿程压力损失＝单位沿程压力损失×管长，即：

$$\Delta P_m = \Delta P_m \times l$$

$$\Delta P_m = \frac{\lambda}{d_e} \frac{\rho}{2} v^2 \tag{1-6}$$

式中，λ——摩擦阻力系数；

ρ——空气的密度，kg/m³；

d_e——风管当量直径，m。

风管的沿程压力损失计算可以查阅相关设计手册或采用专业软件计算。其中，风管断面规格按《通风与空调工程施工质量验收规范》GB 50243—2016 中规定选取；空气处于标准状况，即大气压力为 101.325kPa，温度为 20℃，密度为 1.2kg/m³，运动黏度为 15.06×10^{-6}m²/s；以 $K=0.15\times10^{-3}$m 作为钢板风管内壁绝对粗糙度的标准。

若内壁的当量绝对粗糙度 K 不等于 0.15×10^{-3}m 的风管，风管内空气处于非标准状态时，应进行修正。

（2）风管的局部压力损失及计算

当空气流经风管系统的配件及设备时，由于气流流动方向的改变，流过断面流量的变化而出现涡流，产生局部阻力，为克服局部阻力而引起的能量损失称为局部压力损失。其计算公式为：

$$\Delta P_j = \zeta \frac{\rho}{2}v^2 \qquad (1\text{-}7)$$

式中，ζ——局部阻力系数，通风空调风管系统常用配件的局部阻力系数可以查相关专业设计手册。

3. 通风、空调系统风管内的空气流速

通风与空调系统风管内的空气流速（低速风管）应符合表 1.6 的规定。

通风与空调系统风管内的空气流速（低速风管）　　　　表 1.6

风管分类	住宅（m/s）	公共建筑（m/s）
干管	$\dfrac{3.5\sim4.5}{6.0}$	$\dfrac{5.0\sim6.5}{8.0}$
支管	$\dfrac{3.0}{5.0}$	$\dfrac{3.0\sim4.5}{6.5}$
从支管上接出的风管	$\dfrac{2.5}{4.0}$	$\dfrac{3.0\sim4.5}{6.0}$
通风机入口	$\dfrac{3.5}{4.5}$	$\dfrac{4.0}{5.0}$
通风机出口	$\dfrac{5.0\sim8.0}{8.5}$	$\dfrac{6.5\sim10}{11.0}$

注：表列值的分子为推荐流速，分母为最大流速。

对消声有要求的系统，风管内的空气流速应符合表 1.7 的规定。

有消声要求风管内的空气流速　　　　表 1.7

室内允许噪声级 dB(A)	主管风速（m/s）	支管风速（m/s）	风口风速（m/s）
25～35	3.0～4.0	≤2.0	≤0.8
35～50	4.0～7.0	2.0～3.0	0.8～1.5
50～60	6.0～9.0	3.0～5.0	1.5～2.5
65～85	8.0～12.0	5.0～8.0	2.5～3.5

4. 风管总压力损失估算

$$\Delta P = \Delta P_\mathrm{m} \times l (1 + k) \tag{1-8}$$

式中，k——整个管网局部压力损失与沿程压力损失的比值。弯头、三通等配件较少时，$k=1.0\sim2.0$；弯头、三通等配件较多时，$k=3.0\sim5.0$。

对于小型的送、排风系统，推荐的送风机静压值为 $100\sim250\mathrm{Pa}$；对于一般的送、排风系统，推荐的送风机静压值为 $300\sim400\mathrm{Pa}$。

1.2.4 风管管路的水力计算（选讲）

目前风管的水力计算方法有压损平均法、假定流速法、静压复得法。

（1）压损平均法（等摩阻法）

该法是以单位长度风管具有相等的摩擦压力损失 ΔP_m 为前提的，其特点是将已知总的作用压力按干管长度平均分配给每一个管段，再根据每一管段的风量和分配到的作用压力，确定风管的尺寸，并结合各环路间压力损失的平衡进行调整，以保证各环路间的压力损失的差额小于设计规范的规定值。这种方法对于系统所用的风机压头已定，或对分支管路进行压力损失平衡时，使用起来比较方便。

（2）假定流速法

该法是以风管内空气流速作为控制指标，这个空气流速应按照噪声控制、风管本身的强度，并考虑运行费用等因素来进行设定。根据风管的风量和选定的流速确定风管的断面尺寸，进而计算压力损失，再按个环路的压力损失进行调整，达到平衡。按照设计规范的规定，对于并联环路压力损失的相对差额不宜超过：一般送排风系统，15%；除尘系统，10%。

（3）静压复得法

静压复得法，目的是通过改变下游处风管的断面积，使得在分流三通处的静压彼此相等。静压复得计算法的实质在于利用风管分支（分流三通或四通）处复得的静压来克服该管段的阻力。

对于低速机械送排风系统和空调风系统的水力计算，大多采用假定流速法和压损平均法；对于高速送风系统或变风量空调系统风管的水力计算已采用静压复得法。

（4）计算软件

在实际设计过程中，可以选择相应的风管设计计算软件来计算管路阻力。

课后作业 🔍

一、预习作业（想一想）

1. 在你平时的生活中接触过哪些通风系统？

2. 厨房里的油烟机属于局部排风还是全面排风？

二、基本作业（做一做）

1. 整理本次课的课堂笔记。

2. 请阐述通风常用的风管材料及适用场合。

3. 为了阻止火灾时火势和有毒高温烟气通过风管蔓延扩大，在通风、空调系统的风管上需设置（　　）。

    A. 调节阀　　　　　　B. 防火阀　　　　　　C. 插板阀　　　　　　D. 排烟阀

    4. 机械送风系统的室外进风口应设在室外空气比较洁净的地点，底部距室外地坪不宜小于（　　）m。

    A. 3　　　　　　　　B. 2　　　　　　　　C. 1　　　　　　　　D. 0.5

    5.（多选）通风机按其作用原理不同可分为（　　）。

    A. 离心式风机　　　　B. 轴流式风机　　　　C. 贯流式风机　　　　D. 防腐通风机

    E. 屋顶用风机

    6.（多选）通风与空调系统常用的消声设备有（　　）。

    A. 阻性消声器　　　　B. 抗性消声器　　　　C. 共振性消声器　　　　D. 阻抗复合型消声器

    E. 消声弯头

    7. 某平时通风管路，风管规格 400mm×200mm，风量 2000m³/h，请计算此风管内的风速是否满足要求。

    8. 已知某风管送风量为 1200m³/h，风管长度 10m，风管中设有一个多页调节阀，局部阻力系数 $\zeta=1$，当采用 200mm×200mm 的矩形风管时，单位管长沿程损失为 4.61Pa/m，请计算：

    （1）风管内的风速；

    （2）风管的阻力。

三、提升作业（选做）

利用计算软件对下面图纸中的通风系统做校核计算。

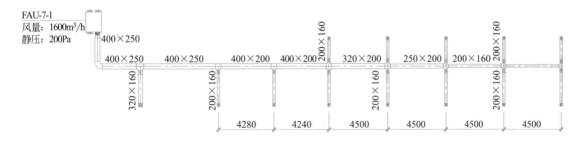

四、操作训练作业

风管制作操作训练：依据前期所学的通风基本知识，按下图加工制作一段非金属风管。

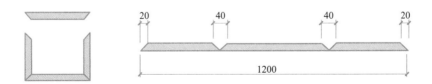

石墨硅防特板

石墨硅防特板主要原材料选用漂珠硅粉、石墨粉及氧化铝纤维，漂珠硅粉为中空轻质耐火骨料，氧化铝可在高温下降低热分解，提高热稳定性，石墨作为保护剂同时可提高材料的物理及化学性能。将漂珠硅粉、氧化铝纤维经球磨，再添加石墨粉高温蒸压，形成结构稳定的碳硅微晶材料，密度 $180\sim260kg/m^3$，耐温可达 $1200℃$，$1000℃$ 环境导热系数低于 $0.1W/(m\cdot K)$。漂珠硅粉的添加降低了本材料的体积重量，增强材料的高温隔热能力，氧化铝纤维和石墨粉的添加解决了传统硅质耐火材料在高温下线性收缩率高及龟裂及隔热性能差等弊端，提高了板材的硬度、抗折等物理性能，解决了轻质耐火材料粉化、纤维脱落等技术难题。是一款低碳环保且综合性能优良的建筑安全防护材料，故名防特板。

模块2

Chapter 02

建筑物平时通风

任务 2.1　室外新风和卫生间通风换气

教学目标

1. 认知目标

① 了解建筑通风的目的；

② 掌握不同类型房间新风系统及人员新风量的计算；

③ 了解个人卫生间和公共卫生间；

④ 掌握不同卫生间排风量的计算。

2. 能力目标

培养学生对建筑中不同功能房间的识别和分类能力，据此进一步确定通风方案，计算通风量的能力；

依靠识图训练，培养学生全面掌握建筑通风系统的设计、安装等知识和技能。

3. 情感培养目标

通过理解和掌握室外新风和卫生间通风系统，学生除了掌握专业知识外，还应有专业自豪感，因为设置了通风系统，建筑自此会呼吸了。

4. 情感培养目标融入

在室外新风受到污染的情况下，新风需要经过处理以后送入室内。通过对 $PM_{2.5}$ 细颗粒物危害的讲解，鼓励大家关注和践行环保理念，共同保护大气环境，地球只有一个，不要让空气变成奢侈品。

教学重点

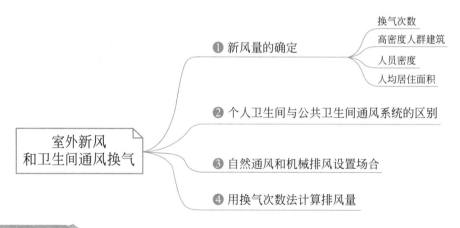

教学难点

本任务内容以概念和应用为主，难度不高，学生可以理解并掌握。

中大型公共建筑中的通风系统设计需要和建筑专业密切配合，这部分内容较难立即掌握，教学中只提供一些思路。

当建筑物存在大量余热、余湿及有害物质时，宜优先采用通风措施加以消除。关于通风方式的选择，首先考虑采用自然通风消除建筑物余热、余湿和进行室内污染物浓度控制。当自然通风不能满足要求时，应采用机械通风。

同时放散余热、余湿和有害物质时，全面通风量应按其中所需最大的空气量确定。多种有害物质同时放散于建筑物内时，其全面通风量的确定应符合现行国家有关工业企业设计卫生标准的有关规定。

建筑物通风的目的之一是排除室内余热余湿。但对于无工艺要求的一般民用建筑，建筑中多数房间均是人们生活、工作的场所，在室内热湿环境满足要求的同时，通风的目的还必须保证室内人员的呼吸和卫生要求。因此，向室内引入室外新风是建筑通风系统必须要考虑的重要内容。

2.1.1　建筑物新风系统

1. 舒适性空调新风系统新风量确定

建筑物中室外新风的引入方式包含自然通风和机械通风。采用自然通风的生活、工作的房间，其通风开口的有效面积不应小于该房间地板面积的 5%。

公共建筑中通常设置有空调系统。对空调房间送入必要的新风量，是保证工作人员身体健康的重要措施。

随着经济的发展和生活水平的提高，越来越多的居民开始关注空气质量，如颗粒物中 $PM_{2.5}$ 浓度、装修过程中的甲醛等。因此，很多家庭的住宅中设置了新风系统。

设有机械通风的房间，人员所需的新风量应满足相关规范的要求。根据《民用建筑供暖通风与空气调节设计规范》GB 50736—2012，人员新风量按照以下方式计算。

（1）公共建筑主要房间每人所需最小新风量应符合表 2.1 规定。

公共建筑主要房间每人所需最小新风量 [$m^3/(h \cdot 人)$]　表 2.1

建筑房间类型	新风量
办公室	30
客房	30
大堂、四季厅	10

（2）设置新风系统的居住建筑和医院建筑，所需最小新风量宜按换气次数法确定。居住建筑设计最小换气次数宜符合表 2.2 规定，医院建筑设计最小换气次数宜符合表 2.3 规定。

居住建筑设计最小换气次数　表 2.2

人均居住面积 $F_p(m^2)$	每小时换气次数
$F_p \leqslant 10$	0.7
$10 < F_p \leqslant 20$	0.6
$20 < F_p \leqslant 50$	0.5
$F_p > 50$	0.45

医院建筑设计最小换气次数　　　　　　　　　　表 2.3

功能房间	每小时换气次数
门诊室	2
急诊室	2
配药房	5
放射室	2
病房	2

（3）高密人群建筑每人所需最小新风量应按人员密度确定，且应符合表 2.4 规定。

高密人群建筑每人所需最小新风量［m^3/（h·人）］　　　　表 2.4

建筑类型	人员密度 P_F（人/m^2）		
	$P_F \leqslant 0.4$	$0.4 < P_F \leqslant 1.0$	$P_F > 1.0$
影剧院、音乐厅、大会厅、多功能厅、会议室	14	12	11
商场、超市	19	16	15
博物馆、展览厅	19	16	15
公共交通等候室	19	16	15
歌厅	23	20	19
酒吧、咖啡厅、宴会厅、餐厅	30	25	23
游艺厅、保龄球房	30	25	23
体育馆	19	16	15
健身房	40	38	37
教室	28	24	22
图书馆	20	17	16
幼儿园	30	25	23

2. 新风系统相关设备

（1）新风机

图 2.1 为某公共建筑新风系统，该系统采用顶装式空调新风机对新风进行处理，再通过新风管路送入房间。该系统未设排风，可以通过房间正压将排风经由门窗缝隙渗出。该系统适合用在门窗缝隙较大的场合，若门窗密封性好，就要设置机械排风。

（2）全热交换器

全热交换器可以通过新风和排风的热交换，回收排风中的热（冷）量，是一个能量回收装置。图 2.2 为设置了全热交换器的某户式新风系统。

3. 新风系统图纸识读

如图 2.1 所示，在走廊尽头设置铝合金防雨百叶风口作为新风入口，新风进入后，通过顶装式空调新风机处理，然后通过消声器，送往末端。在分支管上，设置风路蝶阀，调节进入房间新风量，确保新风的供给。该新风系统不需要设置防火阀。

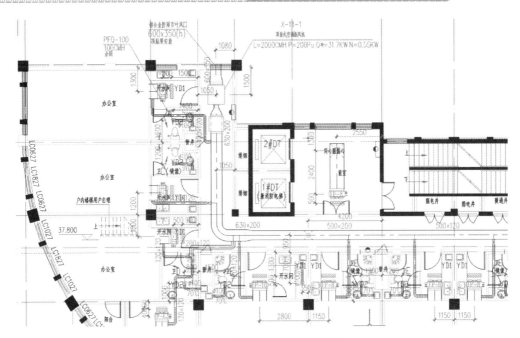

图 2.1　某公共建筑新风系统

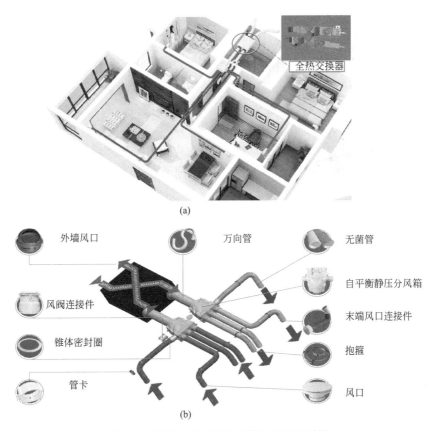

(a)

(b)

图 2.2　设置全热交换器的某户式新风系统

（a）户式新风系统；（b）户式新风系统设备

2.1.2 卫生间通风换气

1. 卫生间通风设计

卫生间分为个人卫生间和公共卫生间。个人卫生间每次仅供一个人占用，比如住宅卫生间。公共卫生间一般包含若干个隔间或小便斗，比如教学楼的卫生间。

公共卫生间、住宅建筑无外窗的卫生间、酒店客房卫生间、大于5个喷头的淋浴间以及无可开启外窗的卫生间、开水间、淋洗浴间，应设置机械排风系统。住宅有外窗的卫生间可采用自然通风。卫生间排风系统宜独立设置，当与其他房间排风合用时，应有防止相互串味的措施。

排风量宜按以下确定：公共卫生间按10~15次/h换气次数计算，对于使用时间较为集中的公共卫生间，排风量计算应取较大值，比如剧院、学校和体育馆的卫生间。住宅（个人）卫生间按5~10次/h换气次数计算，对于连续运行的卫生间排风系统，排风的换气次数可以取较小值。设置有空调的酒店卫生间，排风量取所在房间新风量的80%~90%。

2. 卫生间排风系统组成

卫生间排风系统通常由进风口、排气扇、排风管和排风口组成。主要排风管道分为水平布置和竖向布置，当建筑外立面允许设置排风口时，卫生间排风宜直接在本层就近设置排风口；当设置竖向集中排风系统时，宜在上部集中安装排风机。竖向排风系统可根据建筑不同层数的功能分段设置集中排风机，每层或每个卫生间设置排气扇时，集中排风机的数量应考虑一定的同时使用系数。竖向排风道应具有防火、防倒灌及均匀排气的功能，并应采取防止支管回流和竖井泄漏的措施，顶部应设置防止室外风倒灌装置。卫生间的进风口和排风口面积应该根据排风机压头和排风系统阻力经计算确定，一般情况下，风口风速宜取3.5~4.5m/s。住宅（个人）卫生间的门应在下部设有效截面积不小于0.02m²的固定百叶，或距地面留出不小于30mm的缝隙。

公共建筑的浴室和卫生间的竖向排风管，为防止火灾时火势通过建筑内的垂直排风管道（自然排风或机械排风）蔓延，要求这些部位的垂直排风管采取防回流措施并尽量在其支管上设置公称动作温度为70℃的防火阀。防止排气回流的常用措施是要求卫生间排气扇自带止回风阀。

3. 卫生间排气扇安装

排气扇一般通过金属圆形柔性风管与主排风管连接，并且宜采用卡箍（抱箍）连接（图2.3），柔性风管的插接长度应大于50mm。当圆形柔性风管直径小于或等于300mm时，宜用不少于3个自攻螺栓在卡箍紧固件圆周上均布紧固；当圆形柔性风管直径大于300mm时，宜用不少于5个自攻螺栓紧固。柔性风管转弯处的截面不应缩小，弯曲长度不宜超过2m，弯曲形成的角度应大于90°。柔性风管安装时长度应小于2m，并不应有死弯或塌凹。

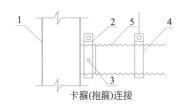

卡箍（抱箍）连接

图2.3 金属圆形柔性风管
与主排风管连接

1—主风管；2—卡箍；3—自攻螺钉；
4—抱箍吊架；5—柔性风管

4. 卫生间通风系统图纸识读

（1）淋浴房和卫生间分别设置独立排风系统（图2.4）。卫生间设置吸顶式排气扇，通过金属软管与排风主管连接，排风通过水平风管就近直接排至本层室外。

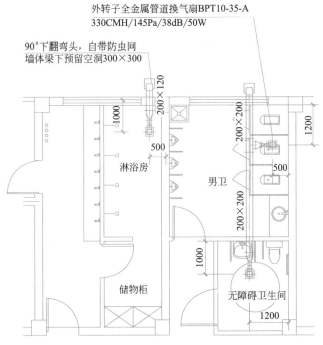

外转子全金属管道换气扇BPT10-35-A
330CMH/145Pa/38dB/50W

90°下翻弯头，自带防虫网
墙体梁下预留空洞300×300

淋浴房

男卫

储物柜

无障碍卫生间

图 2.4　淋浴房和卫生间分别设置独立排风系统

图 2.4 中，淋浴房和卫生间自然进风，注意应提醒建筑专业在卫生间和淋浴房的门下部设置固定百叶。因该项目室外风很大，排风口未使用防雨百叶，而采用防雨弯头避免风雨通过管道进入室内。

（2）图 2.5 为某公共建筑标准层卫生间排风平面布置图，通过排风竖井集中排风，竖向排风井与各层排气扇连接部位设置 70℃ 防火阀，同时要求排气扇自带止回风阀。

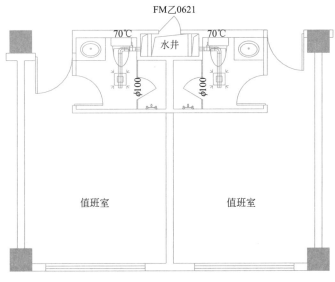

FM乙0621

70℃　水井　70℃

φ100　φ100

值班室　　　值班室

图 2.5　公共建筑标准层卫生间排风平面布置图

课后作业 🔍

一、预习作业（想一想）

1. 了解建筑物通风的目的。

2. 通风量有哪些计算方法？

二、基本作业（做一做）

1. 整理本次课的课堂笔记。

2. 名词解释：换气次数、个人卫生间、公共卫生间、自然进风。

3. 某办公室地面面积 20m²，室内净高 3.0m，共容纳 6 人办公。若采用自然通风，请问该办公室窗户的最小可开启面积是多少？若该办公室设置有独立的新风系统，则其最小新风量应是多少？

4. 某住宅的卫生间地面面积 6m²，室内净高 3.0m，现对该卫生间进行通风设计，考虑采用卫生间换气扇进行机械排风，请问排风量应为（　　）。

　　A. 80m³/h　　　　B. 180m³/h　　　　C. 1800m³/h　　　　D. 800m³/h

5. 某公共建筑卫生间的水平排气管与垂直排风管连接处设置有防火阀，该防火阀的动作温度是（　　）。

　　A. 100℃　　　　B. 150℃　　　　C. 280℃　　　　D. 70℃

三、提升作业（选做）

1. 某会议室建筑面积 400m²，设计 300 个座席，该会议室的新风量不应小于（　　）。

　　A. 4200m³/h　　　B. 3600m³/h　　　C. 3300m³/h　　　D. 9000m³/h

2. 某酒店标准间层高 3.0m，设计 2 人入住，空调系统为风机盘管加新风，标准间内设有建筑面积为 4m² 的独立卫生间，且卫生间设计排风量按照 10 次/h 计算，请问该房间较合理的新风量为（　　）。

　　A. 60m³/h　　　　B. 120m³/h　　　　C. 150m³/h　　　　D. 240m³/h

🔍 读一读（拓展阅读材料）

PM₂.₅ 的危害

PM$_{2.5}$，又称细颗粒物，指环境空气中空气动力学当量直径小于等于 $2.5\mu m$ 的颗粒物。它能较长时间悬浮于空气中，其在空气中含量浓度越高，就代表空气污染越严重。主要来源有自然源和人为源两种，但危害较大的是后者。

人为源包括固定源和流动源。固定源包括各种燃料燃烧源，如发电、冶金、石油、化学、纺织印染等各种工业过程以及供热、烹调过程中燃煤与燃气或燃油排放的烟尘。流动源主要是各类交通工具在运行过程中使用燃料时向大气中排放的尾气。

虽然细颗粒物只是地球大气成分中含量很少的组分，但它对空气质量和能见度等有较大的影响。与较粗的大气颗粒物相比，细颗粒物粒径小，富含大量的有毒、有害物质且在大气中的停留时间长、输送距离远，因而对人体健康和大气环境质量的影响很大。研究表明，颗粒越小对人体健康的危害越大。细颗粒物能飘到较远的地方，影响范围广。

细颗粒物对人体健康的危害要更大，因为直径越小，进入呼吸道的部位越深。$10\mu m$ 直径的颗粒物通常沉积在上呼吸道，$2\mu m$ 以下的可深入细支气管和肺泡。细颗粒物进入人体到肺泡后，直接影响肺的通气功能，使机体容易处在缺氧状态。对颗粒的长期暴露可引发心血管和呼吸道疾病甚至诱发肺癌。

当空气中 $PM_{2.5}$ 的浓度长期高于 $10\mu g/m^3$，死亡风险会上升，浓度每增加 $10\mu g/m^3$，总死亡风险上升 4%，心肺疾病带来的死亡风险上升 6%，肺癌带来的死亡风险上升 8%。此外，$PM_{2.5}$ 极易吸附多环芳烃等有机污染物和重金属，使致癌、致畸、致突变的概率明显升高。

另外，$PM_{2.5}$ 对整体气候也有很大的影响。$PM_{2.5}$ 能影响成云和降雨过程，间接影响气候变化。大气中雨水的凝结核，除了海水中的盐分，细颗粒物 $PM_{2.5}$ 也是重要的原因。有些条件下，$PM_{2.5}$ 太多，可能"分食"水分，导致蓝天白云变得比以前更少；有些条件下，$PM_{2.5}$ 会增加凝结核的数量，使天空中的雨滴增多，极端时可能发生暴雨。

任务2.2 厨房通风系统

教学目标

1. 认知目标
① 了解公共厨房各房间功能：蒸煮间、烹饪间、洗消间、切配间等；
② 理解全面通风和局部通风；
③ 掌握排油烟局部通风系统排风量计算；
④ 掌握全面通风和事故通风排风量计算。

2. 能力目标
培养学生厨房通风图纸识读能力；培养学生对厨房通风系统的归类和识别能力；培养学生对厨房通风系统的设计能力。

3. 情感培养目标
通过对厨房通风系统的学习，充分理解在厨房中为什么需要设置通风系统，尤其是事故排风，进一步唤醒学生的安全意识和责任意识，增强职业素养，严格认真对待工作。

4. 情感培养目标融入
厨房中往往存在危险气体，需要进行相对负压的通风。负压通风是阻止危险气体或污染物外泄的常用方案。通过对生化实验室的介绍，让同学们拓展视野，深化对通风系统的理解，提升民族自豪感。

教学重点

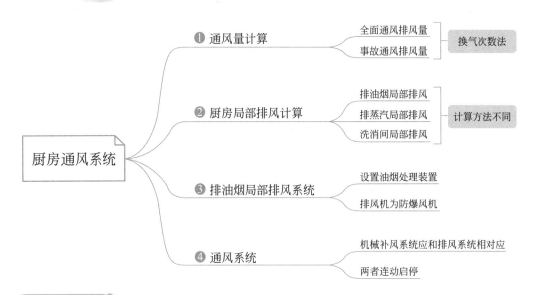

❶ 通风量计算 ── 全面通风排风量 ┐── 换气次数法
　　　　　　　　── 事故通风排风量 ┘

厨房通风系统

❷ 厨房局部排风计算 ── 排油烟局部排风 ┐
　　　　　　　　　　── 排蒸汽局部排风 ├── 计算方法不同
　　　　　　　　　　── 洗消间局部排风 ┘

❸ 排油烟局部排风系统 ── 设置油烟处理装置
　　　　　　　　　　　── 排风机为防爆风机

❹ 通风系统 ── 机械补风系统应和排风系统相对应
　　　　　　── 两者连动启停

教学难点

（1）厨房的局部排风量计算

在讲这部分内容时，可以要求学生以思维导图的形式手绘几种局部排风的风量计算之间的关系。

（2）中大型公共厨房的通风系统设计需要综合考虑厨房内应设的几种排风系统和补风系统，给出最终较合理的通风方案，这部分内容较难立即掌握。

厨房中通常会产生大量余热、余湿和油烟，用于炒菜做饭的能源也是多种多样，以易燃易爆的燃气比较常见。因此，厨房通风系统会比较复杂，还可能涉及不同目的的通风系统合用等。

根据厨房的服务人群和规模，本节介绍住宅厨房和公共厨房的通风系统。

2.2.1　住宅厨房通风系统

住宅厨房应采用机械排风系统或预留机械排风系统开口，且应留有必要的进风面积。住宅厨房全面通风换气次数不宜小于 3 次/h。住宅厨房宜设竖向排风道，竖向排风道应具有防火、防倒灌及均匀排气的功能，并应采取防止支管回流和竖井泄漏的措施，顶部应设置防止室外风倒灌装置。

2.2.2　公共厨房通风系统

公共厨房中主要房间有烹饪间、蒸煮间、洗消间、切配间、食品库等。公共厨房通风系统一般包含全面排风（房间换气）、局部排风以及补风三部分进行考虑和设计。厨房通风系统应独立设置，不和建筑内其他通风系统合用。厨房内局部排风应依据厨房规模、使用特点等单独设置，一般不与厨房全面排风等系统合用。

1. 全面排风和事故排风

全面排风的主要作用是房间通风换气以及排除余热。当自然通风不能满足室内环境要求时，应设置全面迪风的机械排风。采用燃气烹饪设备的厨房，存在突然放散有害或有爆炸危险气体的可能性，应专门设置事故通风，一旦发生危险气体泄漏，立即启动事故排风机排出气体，事故风机采用防爆风机。

采用燃气灶具的地下室、半地下室（液化石油气除外）或地上密闭厨房，通风应符合下列要求：室内应设烟气的一氧化碳浓度检测报警器；房间应设置独立的机械送排风系统。通风量应满足下列要求：正常工作时全面排风的换气次数不小于6次/h，事故通风时换气次数不小于12次/h，不工作时换气次数不应小于3次/h。事故通风和全面排风可兼用，风量必须满足要求。设置事故通风时，应在通风房间室内外便于操作的地方设置手动控制装置，控制排风系统启停。

2. 局部排风

局部排风包含烹饪间、蒸煮间和洗消间排风罩局部排风。

（1）排油烟通风系统

对于可产生油烟的厨房设备间，应设置带有油烟过滤功能的排风罩和除油装置的机械排风系统，排油烟系统原理如图2.6所示。图中排风系统设置油烟罩（局部排风设备）、150℃防火阀、排烟道、一体式油烟净化器、排风机。

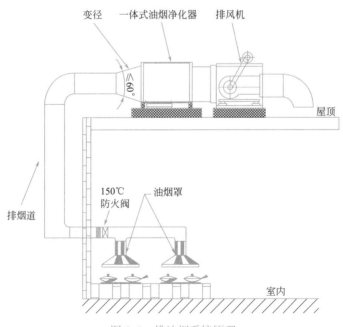

图2.6　排油烟系统原理

1）排风罩的设计

排风罩的设计应符合下列要求：排风罩的平面尺寸应比炉灶尺寸大100mm，排风罩的下沿距炉灶面的距离不宜大于1.0m，排风罩的高度不宜小于600mm。

2）排风量计算

排风罩的最小排风量应按照以下两种计算的大值选取。

① 公式计算：
$$L = 1000 \cdot P \cdot H \qquad (2\text{-}1)$$

式中，L——排风量，m^3/h；

P——罩子的周边长（靠墙侧的边不计，m）；

H——罩口距灶面的距离，m。

② 断面风速法。按罩口断面的吸风速度不小于 0.5m/s 计算风量。值得提醒注意的是，根据《饮食业环境保护技术规范》HJ 554—2010，罩口断面风速不应小于 0.6m/s。

当厨房（有炉灶的房间）通风不具备准确计算条件时，排风量可按下列换气次数进行估算：中餐厨房为 40～60 次/h；西餐厨房为 30～40 次/h；职工餐厅厨房为 25～35 次/h。这些估算指标对大、中型旅馆、饭店、酒店的厨房较合适。当按吊顶下的房间体积计算风量时，换气次数取上限值；当按楼板下的房间体积计算风量时，换气次数可取下限值。

3）油烟处理

排油烟局部排风系统设计时，应优先选用排出油烟效率高的气幕式（或称为吹吸式）排风罩和具有自动清洗功能的除油装置，处理后的油烟应达到国家允许的排放标准。《饮食业油烟排放标准》GB 18483—2001 的规定，根据规模不同，油烟最高允许排放浓度和净化设施最低去除效率见表 2.5。另外，不同省市颁布有相应的油烟排放地方标准，一般情况下地方标准比国家标准的要求更高，设计时应注意根据项目所在地情况具体查阅相关标准。

油烟最高允许排放浓度和净化设施最低去除效率 表 2.5

规模	小型	中型	大型
最高允许排放浓度（mg/m^3）	2.0	2.0	2.0
净化设施最低去除效率（%）	60	75	85

（2）排蒸汽通风系统

对于可能产生大量蒸汽的厨房设备宜单独布置在房间内，比如面点间、蒸煮间等。这些发热量大且散发大量蒸汽的厨房设备应设排气罩等局部机械排风设施。排蒸汽局部通风的排风罩排风量可参照排油烟罩的断面风速法计算，罩口断面风速宜取 0.5～0.7m/s。排出的气体主要是水蒸汽，因此不需要设置净化装置，排风可直接排至室外。所以，以排除蒸汽为主的局部排风系统通常与以排除油烟为主的局部排风系统分别独立设置。

（3）洗消间局部排风

洗消间（洗碗间）存在大量使用洗涤剂或消毒剂的情况，应设置带排风罩的局部排风系统。排风量按排风罩断面风速法计算，断面风速不小于 0.2m/s。一般洗碗间的排风量可按每间 500m^3/h 选取。洗碗间机械送风的补风量宜按照排风量的 80% 选取，可设定补风与排风联动。

3. 厨房总排风量

厨房机械通风系统排风量宜根据热平衡，以消除室内余热为目的，可按下式计算：
$$L = Q / [0.0337 \cdot (t_p - t_s)] \qquad (2\text{-}2)$$

式中，t_p——厨房计算排风温度（℃），冬季取 15℃，夏季取 35℃。

室内显热发热量包含厨房设备发热量、操作人员散热量、照明灯具散热量、外围护结构冷负荷。据此计算的排风量与厨房总排风量（局部排风＋全面排风）进行对比，选取最大值作为房间总排风量。

4. 补风

采用机械排风的区域，当自然补风满足不了要求时，应采用机械补风。厨房相对于其他区域应保持负压，补风量应与排风量相匹配，且宜为排风量的 80％～90％。严寒和寒冷地区宜对机械补风采取加热措施。机械补风系统设置宜与排风系统相对应，设计时，补风机与对应的排风机联动。

厨房通风应采用直流式系统，厨房排风应直接排至室外，不可以作为其他系统的回风。当厨房与餐厅相邻时，送入餐厅的新风量可作为厨房补风的一部分，但气流进入厨房开口处风速不宜大于 1.0m/s；当夏季厨房有一定的室温要求或有条件时，补风宜做冷却处理，可设置局部或全面冷却装置；对于严寒和寒冷地区，应对冬季补风宜做加热处理，送风温度可按 12～14℃选取。

对于舒适性要求较高的厨房，采用直流式全新风空调系统。室外新风经新风机处理后送入室内，新风作为总补风的一部分，其余的补风直接从室外取风。经空气处理后新风通常以岗位送风的方式送至厨师附近，岗位送风口安装高度应便于厨师调节送风方向，且不影响厨师的烹饪操作。对于冷荤间、裱花间等处理或短时间存放直接入口食品的专用操作间，应设置独立空调系统，比如分体空调或变冷媒流量多联式空调，要求建筑预留空调室外机平台。

5. 厨房间图纸识读

图 2.7 为某建筑公共厨房通风平面布置图，该厨房位于地下一层，主要房间有烹饪间、烘焙间、面点蒸煮间、洗碗间等。

1）烹饪间和烘焙间设置排油烟系统，对应设备上方设置局部排风用油烟罩，排油烟管道穿越防火隔墙处设置 150℃防火阀，油烟净化设备和排风机设置于屋顶，排风机采用防爆风机。烘焙间排油烟风机 P-W-2，风量 12000CMH；烹饪间排油烟风机 P-W-5，风量 49200CMH。排油烟机 P-W-2～P-W-5 平面布置图如图 2.8 所示。

2）烘焙间设置独立补风系统：补风机（防爆风机）S-D1-9-1，风量 8897CMH，与屋顶排油烟机 P-W-2 联动。补风量/排风量为 74％。

3）烹饪间设置独立补风系统：补风机（防爆风机）S-D1-9-3，风量 20000CMH，与屋顶排油烟机 P-W-5 联动；补风机（防爆风机）S-D1-9-4，风量 10000CMH，与屋顶排油烟机 P-W-5 联动；补风机（防爆风机）S-D1-9-5，风量 10000CMH，与屋顶排油烟机 P-W-5 联动；共 3 台补风机，总补风量 40000CMH。补风量/排风量为 81％。

4）蒸煮间设置排蒸汽局部排风系统，排风不需净化，排风机设置在屋顶，如图 2.9 所示。排风机采用防爆风机，P-W-1，排风量 33000CMH。独立设置的补风机（防爆风机）S-D1-9-2，风量 25000CMH，与屋顶排油烟机 P-W-1 联动。补风量/排风量为 75％。

5）蒸煮间、烹饪间和烘焙间合用一套全面排风系统，全面排风量按换气次数不小于 12 次/h，兼事故排风系统。排风机（防爆风机）P-W-3，风量 8861CMH。

6）洗碗间设置独立的局部排风系统和补风系统，排风不需净化，排风机 P-W-4 设置在屋顶，风量 4176CMH。洗消间补风机 S-D1-9-6，风量 2900CMH。排风量计算：罩口断面风速不小于 0.2m/s。

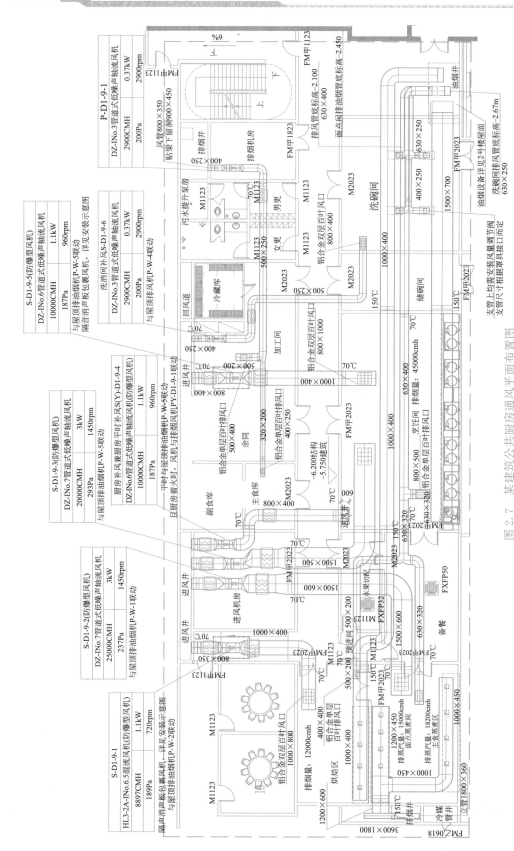

图2.7 某建筑公共厨房通风平面布置图

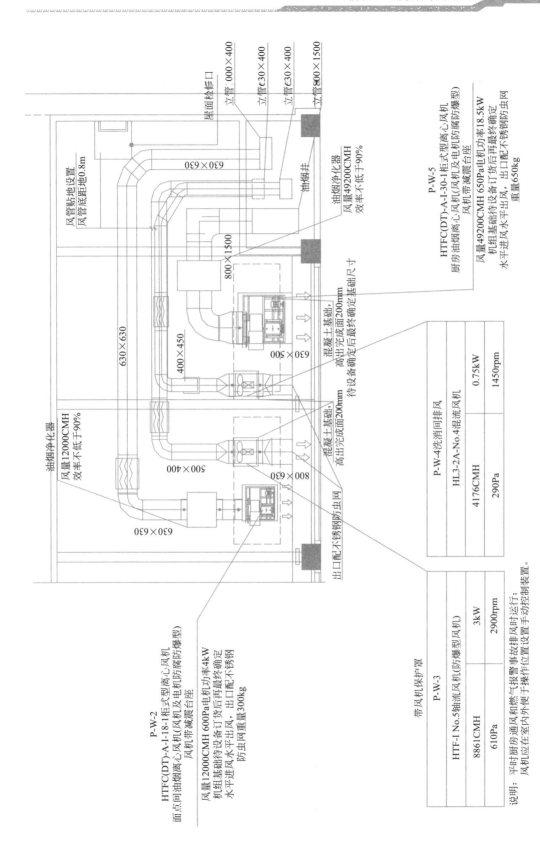

图2.8 排油烟机P-W-2～P-W-5平面布置图

说明：平时厨房通风和燃气报警事故排风时运行；
风机应在室内便于操作位置设置手动控制装置。

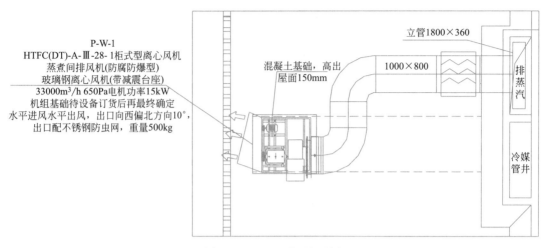

P-W-1
HTFC(DT)-A-Ⅲ-28-1柜式型离心风机
蒸煮间排风机(防腐防爆型)
玻璃钢离心风机(带减震台座)
33000m³/h 650Pa电机功率15kW
机组基础待设备订货后再最终确定
水平进风水平出风，出口向西偏北方向10°，
出口配不锈钢防虫网，重量500kg

立管1800×360

混凝土基础，高出
屋面150mm

1000×800

排蒸汽

冷媒管井

图 2.9 P-W-1 平面布置图

7）地下室面积大于 50m² 的房间或总面积大于 200m² 的，应设置机械排烟系统。防排烟系统未体现在本例图中。

8）局部排风罩与主排风管的连接支管需设置风量调节阀，支管尺寸根据罩具接口尺寸而定。除排油烟管外，其他风管穿越防火分隔处均需设置 70℃ 防火阀，注意根据房间门是否为防火门判断防火分隔。备餐间和水果切配间设置独立的分体空调。加工间和食品库设置机械排风。排油烟和排蒸汽风机选择防腐型。

课后作业

一、预习作业（想一想）

1. 了解公共厨房的功能布局。

2. 防火阀的作用是什么？防火阀的动作温度有哪些？

二、基本作业（做一做）

1. 整理本次课的课堂笔记。

2. 名词解释：全面通风、局部通风、事故通风、防爆风机、断面风速法。

3. 某采用天然气灶具的公共厨房位于地下一层，地面面积 150m²，层高 4.5m，该厨房正常使用时全面通风的通风量是（　　）？事故通风量是（　　）？

    A. 4050m³/h，8100m³/h   B. 2025m³/h，4050m³/h

    C. 8100m³/h，2025m³/h   D. 2050m³/h，8100m³/h

4. 某采用天然气灶具的公共厨房位于地下一层，地面面积 150m²，层高 4.5m，设计考虑该厨房全面通风和事故通风合用，且选用一台单速风机，该系统最小通风量是（　　）？

    A. 4050m³/h   B. 2025m³/h

    C. 8100m³/h   D. 5000m³/h

5. 某采用天然气灶具的公共厨房位于地下一层，地面面积 150m²，层高 4.5m，炉灶平面尺寸 4m×1m。按照断面风速法计算排油烟系统的排风量是（　　）？

A. 8100m³/h　　　　　　　　　B. 8200m³/h

C. 9800m³/h　　　　　　　　　D. 4050m³/h

6. 某采用天然气灶具的公共厨房位于地下一层，排油烟水平风管与垂直排风管连接处设置有防火阀，该防火阀的动作温度是（　　）？

A. 100℃　　　　　　　　　　B. 150℃

C. 280℃　　　　　　　　　　D. 70℃

7. 排油烟局部排风系统的风机应选用（　　）？

A. 轴流式风机　　　　　　　　B. 防爆型风机

C. 离心式风机　　　　　　　　D. 贯流式风机

三、提升作业（选做）

某采用天然气灶具的公共厨房位于地下一层，地面面积150m²，层高4.5m，炉灶平面尺寸4m×1m。设计考虑该厨房全面通风和事故通风合用，且选用一台单速风机，按照断面风速法计算排油烟系统的排风量，且该房间无法采用自然补风。那么该厨房通风总共至少应设哪些风机？各风机的排风量是多少？

任务2.3　设备机房通风系统

教学目标

1. 认知目标

① 了解建筑中常见的设备机房有哪些；

② 掌握各设备机房需要设置哪些通风系统以及通风量计算；

③ 根据排风污染物的相对密度确定排风口设置位置；

④ 理解和掌握设置气体灭火的房间通风系统控制方式。

2. 能力目标

培养学生设备机房通风图纸识读能力；培养学生对设备机房通风系统的归类和识别能力；根据不同设备机房的特点，培养学生对不同设备机房通风系统设计的能力。

3. 情感培养目标

建筑内的设备机房类似于建筑机电系统的心脏，设备机房设置通风系统有两个主要目的：一是通风降温，为设备正常运行提供合适的热湿环境；二是防止某些机房内危险物外泄，危害生命财产安全。通过对设备机房通风系统的学习，进一步唤醒学生的安全意识和责任意识，增强职业素养。

4. 情感培养目标融入

气体灭火是防止和降低重要设备机房火灾损失的重要手段，通风系统应配合关闭使气体灭火系统发挥作用，不应造成灭火系统失效。灭火后，开启事故后排风，及时恢复设备运行。因此，还要求同学们增强合作意识、大局意识。

① 泵房排风量计算(换气次数法)

注意：不同类型泵房换气次数不同，有些泵房按照室内外通风温度计算排风量。

② 制冷机房通风量计算

注意：制冷机房通风量和制冷机类型有关，应先识别分类。事故通风量也和制冷机类型相关。

设备机房通风系统

③ 变配电室通风量计算

注意：通风以排出室内余热为主，应根据余热和通风温度计算通风量。

④ 蓄电池室、柴油发电机房通风量计算

注意：应考虑排除室内可能产生的危险气体，通风空调系统应采用防爆设备。

⑤ 设置气体灭火系统的房间通风量计算

注意：应考虑气灭联动以及事故后排风。

设备机房种类较多，学生应在理解房间功能和通风目的基础上进行通风量计算和方案设置。否则，容易混淆概念，产生错误。

同样，通风换气，排除室内余热，事故通风，很多时候会同时需要被设置在一个房间，是分别独立设置还是合用一个通风系统需要综合考虑。

设备机房应保持良好的通风，无自然通风条件时，应设置机械通风系统。设备有特殊要求时，其通风应满足设备工艺要求。设备机房通风以消除室内余热为目的时，通风量按照下式计算确定：

$$L = Q/[0.0337 \cdot (t_\mathrm{p} - t_\mathrm{s})] \tag{2-3}$$

式中，L——通风换气量（m³/h）；

Q——室内显热发热量（W）；

t_p——室内排风设计温度（℃）；

t_s——送风温度（℃）。

采用气体灭火系统保护的设备房间以及气体灭火系统的气瓶间，应设置事故排风系统。排风口设置在房间上部区域还是下部区域应根据灭火气体的密度确定，排风机手动开启装置应设置在防护区外。排风系统应与消防系统联动，火灾发生时喷放灭火气体之前通风系统应保证在规定时间内关闭，气体灭火后消防控制系统联动开启排风系统。事故排风量按换气次数不小于 12 次/h 确定。

排风系统风量分配应遵循以下条件：当排风中有害气体和蒸汽密度比室内空气轻，或虽比室内空气重，但建筑物散发的显热全年均能形成稳定的上升气流时，宜从房间上部排出，即排风口设在房间上部。当排风中有害气体和蒸汽密度比室内空气重，但建筑物散发的显热全年均不能形成稳定的上升气流导致气体或蒸汽沉积在房间下部区域时，宜从房间上部区域排出总排风量的 1/3，从房间下部区域排出总排风量的 2/3，且换气次数不应小于 1 次/h。相对密度小于或等于 0.75 的气体视为比空气轻，当其相对密度大于 0.75 时，视为比空气重。

2.3.1　泵房、换热站、中水处理等机房

1. 通风设计

泵房、换热站、中水处理机房等房间应有良好的通风，地上建筑可利用外窗自然通风或采用机械排风自然进风。地下建筑应设机械通风，通风量可按换气次数计算，见表 2.6。

部分设备机房机械通风换气次数　　　　　　　　　　　　表 2.6

机房名称	清水泵房	软化水间	污水泵房	中水处理房	热力机房
换气次数(次/h)	4	4	8～12	8～12	6～12

设置自然进风口时，注意室外疏散楼梯 2m 范围内禁止开设门窗洞口。有些泵房中设置了一些加药装置，可能散发腐蚀性气体，这些房间的通风系统应考虑防腐，选用防腐风机和风管等。

大型泵站的泵房，应考虑消除室内余热，通风量按公式（2-3）计算

2. 图纸识读

某建筑物地下室泵房平面图如图 2.10 所示。

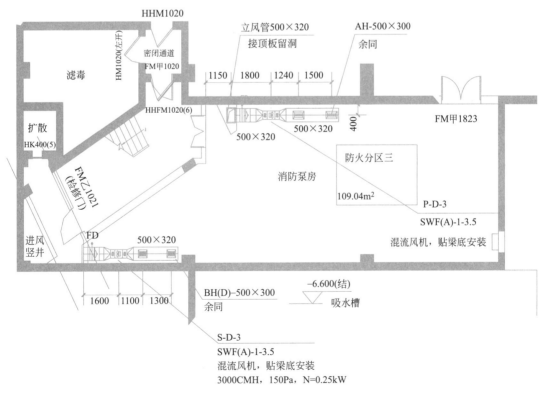

图 2.10　某建筑物地下室泵房平面图

水泵房为防火分区三，由两台 SWF（A）-I-3.5 混流风机担负送、排风功能。

左下为送风系统，其组成由右往左依次为两个 500mm×300mm 的双层格栅风口→天圆地方→软接头→SWF 混流风机→软接头→天圆地方→防火阀，然后接入建筑送风竖井，风管尺寸为 500mm×320mm；上方为排风系统，其构成与送风系统一样，风管尺寸也是 500mm×320mm，其将排风接入 500mm×320mm 的通风立管排至室外，但风口形式为单层格栅风口。

风管材料为镀锌薄钢板，法兰连接；图中没有明确标注安装标高，但在风机处标明贴梁底安装，故整个系统吊装在水泵房的高处，安装布置的时候尽量避免与泵房设备和管道碰撞。

图 2.11 是水泵房的送风系统，其中 FD 表示防火阀，"1600""1100"和"1300"分别表示安装的间距（定位尺寸，单位 mm），地下室图中其他地方标注也是这个意思。

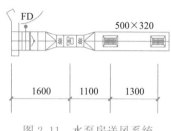

图 2.11　水泵房送风系统

2.3.2　制冷机房

1. 通风设计

地面上制冷机房宜采用自然通风，当不能满足要求时应采用机械通风，地面下制冷机房应设置机械通风。制冷机房设备间的室内温度，冬季宜≥10℃、夏季宜≤35℃；冬季设备停运时值班温度应≥5℃。

制冷机房宜独立设置机械通风系统，排风应直接排向室外。制冷机房的通风应考虑消声、隔声措施。

制冷机房应根据制冷剂的种类特性，设置必要的制冷剂泄漏检测及报警装置，并与机房内的事故通风系统连锁，测头应安装在制冷剂最易泄漏的部位。机械通风应根据制冷剂的种类设置事故排风口高度。

氟制冷机房的通风量应按以下确定：

（1）当采用封闭或半封闭式制冷机，或采用大型水冷却电机的制冷机时，按事故通风量确定。

（2）当采用开式制冷机时，应按公式（2-3）计算的风量与事故通风量的大值选取；其中设备发热量应包括制冷机、水泵等电机的发热量以及其他管道、设备的散热量。

（3）事故通风量应根据制冷机冷媒特性和生产厂商的技术要求确定。当资料不全时，事故通风量 L（m³/h）按下式确定：

$$L = 247.8 \times G^{0.5} \tag{2-4}$$

式中，G——机房内最大的制冷机冷媒充液量（kg）。

且事故通风量换气次数不应小于 12 次/h，事故排风口上沿距室内地坪的距离不应大于 1.2m。

（4）当制冷机设备发热量的数据不全时，可采用换气次数法确定风量，一般取 4～6 次/h。

氨冷冻站应设置机械排风和事故通风排风系统。通风量不应小于 3 次/h，事故通风量

宜按 $183m^3/(m^2 \cdot h)$ 进行计算，且最小排风量不应小于 $34000m^3/h$。事故排风机应选用防爆型，排风口应位于侧墙高处或屋顶。

直燃溴化锂制冷机房宜设置独立的送、排风系统。燃气直燃溴化锂制冷机房的通风量不应小于 6 次/h，事故通风量不应小于 12 次/h。燃油直燃溴化锂制冷机房的通风量不应小于 3 次/h，事故通风量不应小于 6 次/h。机房的送风量应为排风量与燃烧所需的空气量之和。

2. 图纸识读

(1) 某公共建筑地下一层制冷机房通风平面图如图 2.12 所示。该制冷机房位于地下一层，主要设备包含 2 台冷媒为 R410A 的变频水冷离心冷水机组、水泵等。设机械送风和机械排风，排风机采用双速风机，平时排风低速运转，通风量按 4 次/h 计算；事故排风高速运转，排风量不低于 12 次/h。氟制冷机房，事故排风口设置在房间下部，底边距地 0.25m。

(2) 房间送风经新风空调机处理后送至室内，调节室内热湿环境。

2.3.3　锅炉间、直燃机房、油泵间

1. 通风设计

锅炉间、直燃机房、油泵间等有散发热量的房间，宜采用自然通风或机械排风与自然补风相结合的通风方式；当设置在地下或其他原因无法满足要求时，应设置机械通风。

锅炉间、直燃机房以及与之配套的油库、日用油箱间、油泵间、燃气调压和计量间，宜设置各自独立的通风系统，事故排风机应采用防爆型并应由消防电源供电，通风设施应安装导除静电的接地装置。事故通风系统应与可燃气体浓度报警器连锁，当浓度达到爆炸下限的 1/4 时系统启动运行。事故通风系统应有排风和通畅的进（补）风装置。

锅炉房、直燃机房的通风应考虑消声、隔声措施，特别是自然进（补）风口的消声、隔声。

燃煤锅炉房的运煤系统和干式机械排灰渣系统，应设置密闭防尘罩和局部的通风除尘装置。

机械通风房间内吸风口的位置应按下列规定设置：当燃气或油气的相对密度小于或等于 0.75 时，吸风口位置宜设置在上部区域，吸风口上缘至顶棚平面或屋顶的距离不应大于 0.1m。当燃气或油气的相对密度大于 0.75 时，吸风口位置宜设置在下部区域，吸风口下边缘至地板的距离不应大于 0.3m。

2. 通风量计算（换气次数）

(1) 当设置在首层时，燃油锅炉间、燃油直燃机房的正常通风量应≥3 次/h，事故通风量应≥6 次/h；燃气锅炉间、燃气直燃机房的正常通风量应≥6 次/h，事故通风量应≥12 次/h。

(2) 当设置在半地下或半地下室时，锅炉房、直燃机房的正常通风量应≥6 次/h；事故通风量应≥12 次/h。

(3) 当设置在地下或地下室时，锅炉房、直燃机房的通风量应≥12 次/h。

(4) 锅炉间、直燃机房的送风量应为排风量与燃烧所需空气量之和。

(5) 油库的通风量应≥6 次/h；油泵间的通风量应≥12 次/h；计算两者通风量时，房间高度一般可取 4m。

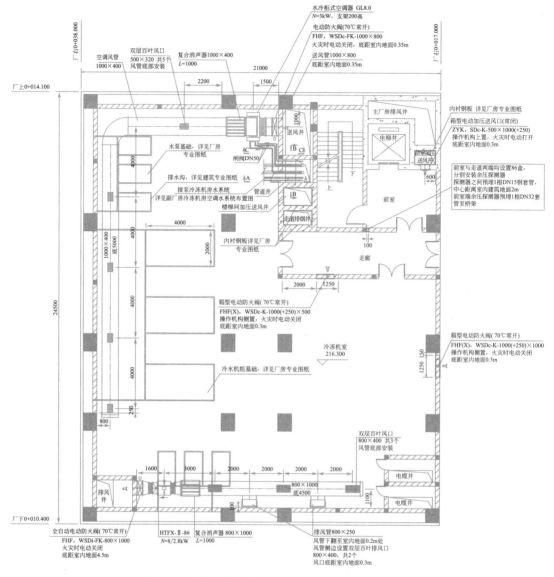

图 2.12　某公共建筑地下一层制冷机房通风平面图

（6）地下日用油箱间的通风量应≥3 次/h。

（7）燃气调压和计量间应设置连续排风系统，通风量应≥3 次/h；事故通风量应≥12 次/h。

3. 烟气系统

燃料在锅炉内燃烧之后的烟气经烟道和烟囱排出室外，燃烧所需的空气经锅炉鼓、引风机送至锅炉燃烧室，风机宜与单台锅炉配套设置，因此，烟气系统简单、漏风量少，利于实现自动化控制，运行较为可靠，有利于燃油燃气锅炉房的防爆。当风机集中配置时，每台锅炉与总风道、总烟道的连接处，应设置密封性能好的阀门。民用建筑内常用的燃气真空热水机组，机组自带鼓风机、引风机。

烟道及烟囱设计：

（1）燃气锅炉的烟道和烟囱应采用钢制或钢筋混凝土构筑，钢烟囱宜采用成品不锈钢烟囱。烟道和烟囱最低点应设置水封式冷凝水排水管道。水平烟道在敷设时宜有 1% 坡向锅炉或排水点的坡度。

（2）应使烟道平直、气密性好、附件少且阻力小，水平烟道长度应根据现场情况和烟囱抽力确定，且应使锅炉能够维持微正压燃烧的要求。

（3）金属烟道的钢板厚度一般采用 46mm，设计烟道时应配置足够的加强筋，保证强度和刚度要求。

（4）室内烟道应有保温措施，保温层外表面温度不高于 50℃。烟道内表面的温度宜高于烟气露点温度（15℃）。

（5）燃气锅炉烟囱宜单台炉配置，当多台锅炉共用一座烟囱时，除每台锅炉宜采用单独烟道接入烟囱外，每条烟道尚应安装密封可靠的烟道门。

（6）在烟气容易集聚的地方及当多台锅炉共用一座烟囱或一个总烟道时，每台锅炉烟道出口处应装设防爆装置，其位置应有利于泄压。当爆炸气体有可能危及操作人员的安全时，防爆装置上应装设泄压导向管。

（7）对于一些烟道较长的锅炉房，应对其阻力进行核算。

（8）对烟道的热膨胀应采取热补偿措施，当采用补偿器进行补偿时，宜选用非金属补偿器。

4. 图纸识读

某建筑地下一层天然气锅炉房通风平面图如图 2.13 所示。

（1）该项目位于南昌市，锅炉房位于地下一层靠外墙处，面积 154m²，层高 5.55m，有 2 个出口。锅炉房内布置 2 台天然气真空热水锅炉、循环热水泵、水处理装置等。

（2）泄爆口直通室外，兼做锅炉房机械排风和燃料燃烧所需空气的自然进风口。泄爆口面积 15.84m²，大于锅炉房占地面积的 10%，满足要求。

（3）锅炉房设机械排风，兼做事故通风，排风量按换气次数不小于 12 次/h（10257m³/h）计算，风机选用防爆风机。因采用天然气作为燃料，排风口设于房间上部，且吸风口距顶棚 0.1m。

（4）热水锅炉自带鼓风机，2 台锅炉共用一个总烟道（DN800）和烟囱，每台锅炉烟道（DN450）设烟道爆破片和蝶阀。烟道采用不锈钢复合保温成品烟囱。成品烟囱，至屋顶设伞形风帽排放，要求电气专业设防雷接地。

2.3.4　变配电室

1. 通风设计

建筑内设有配电室，配电室内主要电气设备是电气开关柜。有些建筑设有变配电室，变配电室中除开关柜以外还设置有变压器，而变压器的发热量非常大，设计时应引起重视。变配电室内设计温度为冬季≥5℃，夏季≤40℃。

地面上变配电室宜采用自然通风，当不能满足要求时应采用机械通风。地面下变配电室应设置机械通风。当设置机械通风时，气流宜由高低压配电区流向变压器区，再由变压器区排至室外。变配电室宜独立设置机械通风系统，设置在变配电室内的通风管道，应采用不燃材料制作。

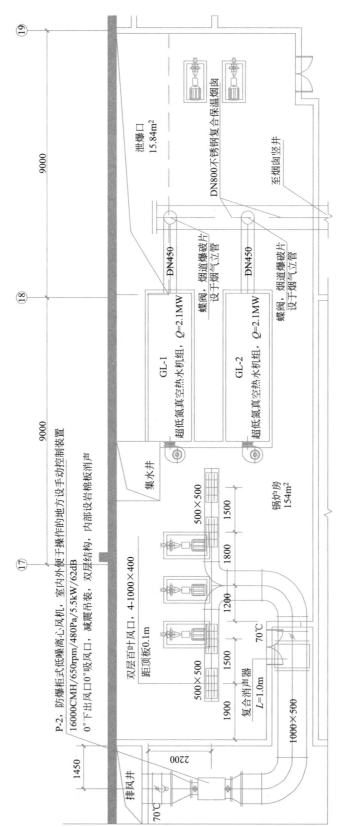

图 2.13 某建筑地下一层天然气锅炉房通风平面图

变配电室的通风量应按以下确定：

（1）根据公式（2-3）计算确定，其中变压器发热量 Q（kW）可由设变压器厂商提供或按下式计算：

$$Q = (1 - \eta_1) \cdot \eta_2 \cdot \phi \cdot W = (0.0126 \sim 0.0152)W \tag{2-5}$$

式中，η_1——变压器效率，一般取 0.98；

η_2——变压器负荷率，一般取 $0.7 \sim 0.8$；

ϕ——变压器功率因数，一般取 $0.9 \sim 0.95$；

W——变压器功率（kV·A）。

（2）当资料不全时可采用换气次数法确定风量，一般按：变电室 5~8 次/h；配电室 3~4 次/h。

下列情况变配电室可采用降温装置，但最小新风量应≥3 次/h（换气次数）或≥5% 的送风量：

1）机械通风无法满足变配电室的温度、湿度要求；

2）变配电室附近有现成的冷源，且采用降温装置比通风降温合理。

2. 图纸识读

变电所通风系统与水泵房类似，也设置有送、排风系统（图 2.14）。

风管材料均为镀锌薄钢板，法兰连接，系统贴梁底吊装。

图 2.14 中，左边的为排风系统，依次有单层格栅风口两个，通过天圆地方与混流风机连接，又通过天圆地方与止回阀、防火阀连接，最后接入建筑排风井。

右边送风系统，由建筑送风井采集新风依次通过防火阀、止回阀、天圆地方，由混流风机加压，通过两个双层格栅风口送入变电所。

系统采用的风机为 SWF（A）-I-5 型混流风机，风量 6000CMH，风压 300Pa。

2.3.5　柴油发电机房

1. 通风设计

柴油发电机房可采用自然或机械通风，通风系统宜独立设置。通风机采用防爆风机，且风机不应与其他风机合设机房。柴油发电机房室内设计温度为冬季≥5℃，夏季≤35℃。机械通风系统进风口不应与柴油发电机排烟以及自身冷却排风出口在同一方向。

柴油发电机房通风量计算分以下几种情况：

（1）由柴油发电机生产企业直接提供的通风量等参数。而通常施工图设计阶段柴油发电机还未完成招标，这时需要使用其他方法计算。

（2）当柴油发电机采用水冷却方式时，通风量可按≥20m³/（kW·h）的机组额定功率进行计算。

（3）当柴油发电机采用空气冷却方式时，按照排除室内余热计算，根据公式（2-3）计算确定。对于开式柴油发电机组，室内显热发热量 Q 包含柴油机、发电机和排烟管的散热量。对于闭式机组，室内显热发热量 Q 包含柴油机气缸冷却水管和排烟管的散热量。当还未确定生产厂家，无确切资料时，可对室内显热发热量进行估算，全封闭式机组取发电机额定功率的 $0.3 \sim 0.35$，半封闭式机组取发电机额定功率的 0.5。

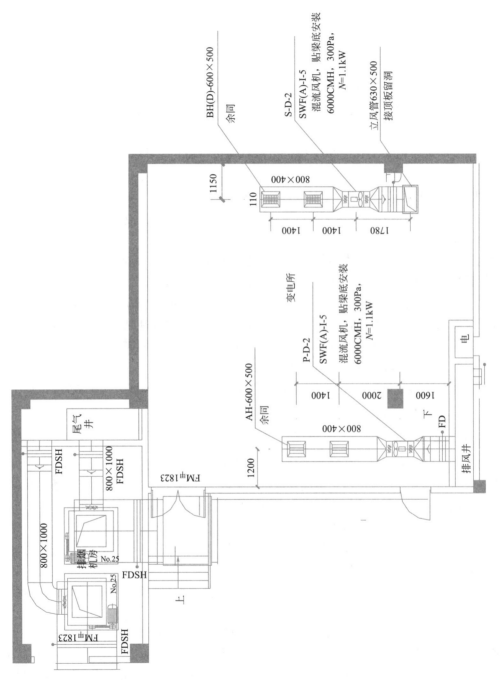

图 2.14 变电所平面图

柴油发电机房的进（送）风量应为排风量与机组燃烧空气量之和，燃烧空气量按 $7m^3/(kW\cdot h)$ 的机组额定功率进行计算。

柴油发电机房内的储油间应设机械通风，风量应按换气次数≥5 次/h 选取。

柴油发电机与排烟管应采用柔性连接；当有多台合用排烟管时，排烟管支管上应设单向阀；排烟管应单独排至室外；排烟管应有隔热和消声措施。绝热层按防止人员烫伤的厚度计算，柴油发电机的排烟温度宜由各厂商提供。柴油发电机房的通风应有消声、隔声措施。

2. 图纸识读

某公共建筑柴油发电机房通风平面图如图 2.15 所示。

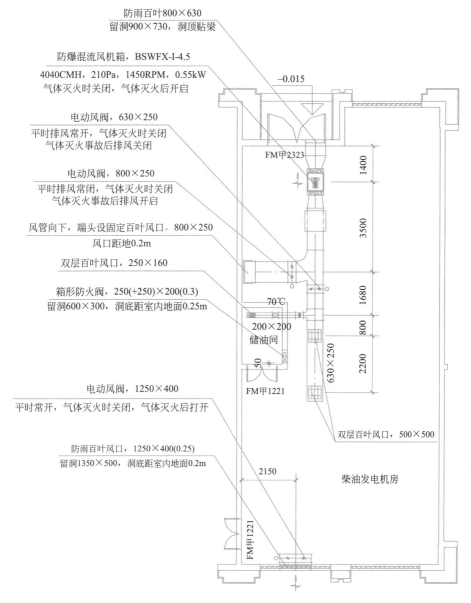

图 2.15　某公共建筑柴油发电机房通风平面图

49

（1）柴油发电机房位于地上一层，设置七氟丙烷气体灭火系统，该气体密度大于空气密度。

（2）柴油发电机房内还布置有储油间，两个房间共用一个机械排风系统，自然进风，进风口位于房间下部（底边距地 0.25m）。风管及风口穿越储油间隔墙处设置 70℃ 防火阀。

（3）柴油发电机房排风机选用防爆风机，室内废气直接排至室外，排风口和柴油发电机自身冷却排风方向在同侧。根据气体灭火系统的要求，柴油发电机房设置有下部排风口（底边距地 0.2m），且进风口和排风口设置有电动风阀，气体灭火时关闭，气体灭火后开启进行事故后排风。

2.3.6 蓄电池室

1. 通风设计

设置有不间断供电系统（UPS）的民用建筑中需要设置蓄电池室，蓄电池室常见蓄电池有两种，防酸隔爆式蓄电池和阀控式密封蓄电池。防酸隔爆式蓄电池室冬季室内设计温度≥5℃，阀控式密封蓄电池室冬季室内设计温度≥15℃；防酸隔爆式蓄电池室夏季室内设计温度≤33℃，阀控式密封蓄电池室夏季室内设计温度≤30℃。

蓄电池室应设置机械通风系统，排风系统应独立设置，通风机采用防爆风机，且风机不应与其他风机合设机房。机械通风目的主要是排出含氢气的易燃易爆气体，且应保持蓄电池室室内负压。蓄电池室机械通风换气次数：防酸隔爆式蓄电池室不小于 6 次/h；阀控式密封蓄电池室不小于 3 次/h。事故通风排风量均不小于 6 次/h（换气次数）。机械排风口应是上部吸风口，且吸风口上缘至顶棚平面或屋顶的距离不大于 0.1m。

2. 图纸识读

（1）某蓄电池室通风剖面图如图 2.16 所示。蓄电池室采用自然进风和机械排风系统，排风量按换气次数不小于 6 次/h 计算，兼事故通风，排风机采用防爆风机。

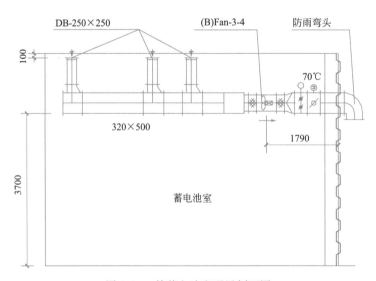

图 2.16 某蓄电池室通风剖面图

（2）排风主要目的是排出室内可能散发的氢气，室内吸风口距顶棚 0.1m。

（3）为保证室内空气温度满足设计要求，另设防爆壁挂式分体空调。

（4）注意图中风机处用箭头表示气流方向。

2.3.7　自行车库

1. 通风设计

自行车库应优先采用自然通风，当自然通风无法满足要求时，应设置机械通风系统。

自行车库的平时通风量，可按照换气次数 2～4 次/h 计算。通常利用直接连接室外的坡道进行自然补风。当没有条件进行自然补风时，应设置机械送风系统补风。

自行车库的排烟系统应根据《建筑设计防火规范（2018 年版）》GB 50016—2014 和《建筑防烟排烟系统技术标准》GB 51251—2017 进行设计。在遇到具体项目时，应遵循项目所在地的地方规定。

以下提供《浙江省消防技术规范难点问题操作技术指南（2020 版）》（浙消〔2020〕166 号）中相关要求，供参考。

（1）对于地下室（或半地下室）一个防火分区内、无充电设施且与相邻场所（或部位）之间采取了防火分隔措施的非机动车库，当单个非机动车库建筑面积大于 500m² 或被分隔成多个隔间且其总建筑面积大于 200m² 时，应设置排烟设施。当采用机械排烟方式时，其防烟分区的排烟量应按不小于 60m³/（m²·h）计算确定；当采用自然排烟方式时，自然排烟窗（口）的有效面积应按不小于地面面积的 2% 计算确定。

（2）对于有充电设施的地下室（或半地下室）内的非机动车库，当其单个建筑面积大于 50m² 或总建筑面积大于 200m² 时，应设置排烟设施。当采用机械排烟方式时，其防烟分区的排烟量应按不小于 90m³/（m²·h）计算确定；当采用自然排烟方式时，自然排烟窗（口）的有效面积应按不小于地面面积的 3% 计算确定。

（3）对于建筑空间净高不大于 3m 的住宅建筑内的非机动车库，其防烟分区的最大允许长度不应大于 36m。

2. 图纸识读

图 2.17 为某建筑地下一层自行车库通风平面图，该地下车库为防火分区二，面积 300.01m²。设置有机械排风系统，由直接连接室外的走道进行自然补风。

根据《浙江省消防技术规范难点问题操作技术指南（2020 版）》（浙消〔2020〕166 号），该地下自行车库面积小于 500m²，可不设置排烟设施。

其系统组成与水泵房类似，但采用的是 500mm×300mm 的单层格栅风口。

风管材料为镀锌薄钢板，法兰连接；图中没有明确标注安装标高，但在风机处标明贴梁底安装，所以风管吊装在楼板下方。

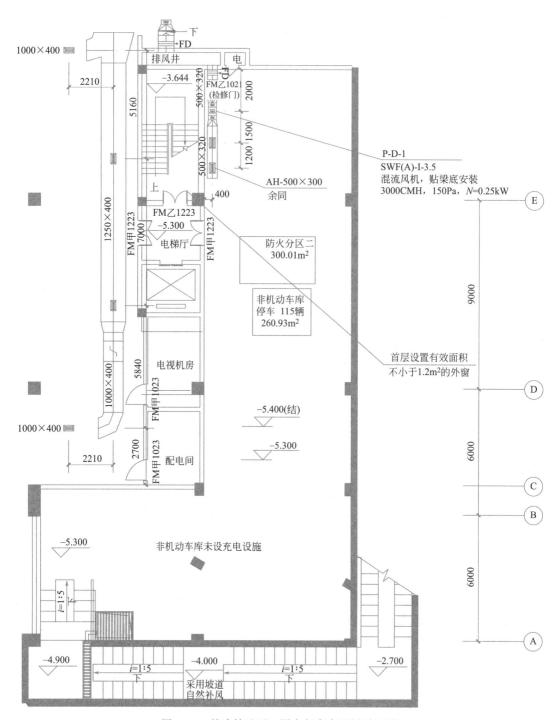

图 2.17 某建筑地下一层自行车库通风平面图

课后作业

一、预习作业（想一想）

1. 了解建筑物有哪些设备机房以及这些设备机房的特点。

2. 思考风管尺寸的设计方法。

二、基本作业（做一做）

1. 整理本次课的课堂笔记。

2. 名词解释：气体灭火、相对密度、氟制冷机房。

3. 某办公楼地下一层设有一间消防泵房，面积 150m²，层高 3.5m，拟采用机械排风系统，该泵房排风量为（　　）？

A. 6300m³/h　　　　B. 3150m³/h　　　　C. 2100m³/h　　　　D. 5250m³/h

4. 某办公楼地下一层设有制冷机房，面积 200m²，层高 3.5m，机房内设置 2 台制冷剂为 R410A 的螺杆式水冷冷水机组。根据要求，设置事故排风系统，排风口上沿距室内地面的高度正确的是（　　）？

A. 3.0m　　　　B. 2.5m　　　　C. 1.5m　　　　D. 1.0m

5. 某办公楼地下一层设有燃气直燃溴化锂吸收式制冷机房，面积 200m²，层高 3.5m。根据要求，设置事故排风系统，事故排风量正确的是（　　）？

A. 2100m³/h　　　　B. 4200m³/h　　　　C. 7000m³/h　　　　D. 8400m³/h

6. 设备机房中通风系统的风机，不需要采用防爆风机的房间是（　　）？

A. 蓄电池室　　　　B. 氟制冷机房　　　　C. 燃气锅炉房　　　　D. 柴油发电机房

7. 某办公楼设有一间蓄电池室。根据要求，设置事故排风系统，排风口上沿距室内顶棚的高度正确的是（　　）？

A. 0.1m　　　　B. 0.3m　　　　C. 0.5m　　　　D. 1.0m

三、提升作业（选做）

杭州市某办公楼一层设有变配电室，根据电气专业提供的资料，变配电室有 2 台变压器，单台变压器散热量 20kW；20 台配电柜，单台配电柜散热量 0.8kW。不考虑围护结构传热量，请计算该变配电室通风量是多少？

读一读（拓展阅读材料）

气体灭火

气体灭火，用通常在室温和大气压力下为气体状的灭火剂进行扑灭火灾的消防灭火系统。一般由灭火剂贮瓶、控制启动阀门组、输送管道、喷嘴和火灾探测控制系统等组成，有的还有加压驱动用的惰性气体贮瓶。通常按使用的气体灭火剂分有卤代烷灭火系统、二氧化碳灭火系统和蒸汽灭火系统等。

模块3

Chapter 03

建筑物防火与防排烟

任务 3.1 建筑防火与防排烟概述

教学目标

1. 认知目标

① 掌握建筑物防排烟的基本概念和意义；

② 掌握防烟分区和防火分区的区别；

③ 掌握防排烟中专业术语的含义。

2. 能力目标

培养学生排烟基本知识及知识运用能力，培养学生综合思考能力；培养学生消防意识和观念，做到学以致用。

3. 情感培养目标

在防排烟基本知识讲解中让学生了解消防；课后的阅读开拓学生知识面、锻炼学生应变能力、提高学生消防意识。

4. 情感培养目标融入

让学生理解防排烟工作的重要意义，认识到自己工作的重要性；在教学过程中，融入工匠精神，引导学生在工程设计过程中精益求精，同时养成严格遵守规范的工作习惯，恪守工程技术人员的职业道德，全面提高学生的职业素养。

教学重点

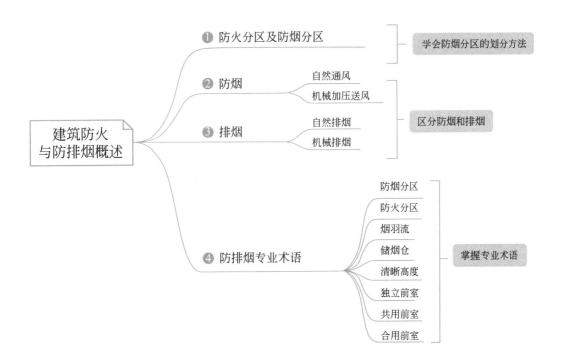

本小节内容以概念和应用为主，难度不高，学生可以理解并掌握。

火灾是一种多发性灾难，会导致巨大的经济损失和人员伤亡，建筑物一旦发生火灾，就会产生大量的烟气。烟气在建筑物内不断流动传播，不仅导致火灾蔓延，也引起人员恐慌，影响疏散和扑救，造成人员伤亡。引起烟气流动的因素有扩散烟囱效应、浮力热膨胀、风力通风、空调系统等。烟气控制的主要目的是在建筑物内创造无烟或烟气含量极低的疏散通道，安全区烟气控制的实质是控制烟气，合理流动也就是使烟气不流向疏散通道、安全区，而向室外流动。

在建筑设计中应采取防火措施，以防止火灾发生和减少火灾对生命财产的危害。建筑物防火包括火灾前的预防和火灾时的措施两个方面，前者主要为确定耐火等级和耐火构造，控制可燃物数量及分隔易起火部位等；后者主要为进行防火分区，设置疏散设施及排烟、灭火设备等。

建筑物防排烟分为防烟和排烟两种形式，防烟的目的是阻止烟气进入防烟区域内，或者将进入防烟区域的少量烟气迅速排至室外，确保火灾发生时防烟区域是一个无火灾烟气的安全环境。排烟的目的是将火灾发生时产生的烟气及时排除，防止烟气向防烟分区以外扩散，以确保疏散通道安全、争取疏散时间。

建筑物中的防烟可采用机械加压送风防烟方式或可开启外窗的自然通风方式。机械排烟系统与通风、空调系统宜分开设置，若合用时则必须采用可靠的防火安全措施，并应符合排烟系统要求。

3.1.1 防火分区与防烟分区基本概念

为使建筑火灾造成的生命和财产损失降至最小，必须阻止火势蔓延和烟气传播。因此，在国家相关防火规范中明文规定了建筑物内部防火分区和防烟分区的划分方法。如《建筑设计防火规范（2018年版）》GB 50016—2014、《汽车库、修车库、停车场设计防火规范》GB 50067—2014、《人民防空工程设计防火规范》GB 50098—2009。

防火分区，是指用防火墙、楼板、防火门或防火卷帘等分隔的区域，可以将火灾在一定的时间内限制在局部区域内，不使火势蔓延，同时对烟气也起了隔断作用。防火分区是控制耐火建筑火灾的基本空间单元。表3.1为不同耐火等级建筑防火分区最大允许建筑面积。

不同耐火等级建筑防火分区最大允许建筑面积　　　　　　　　　　　　　　表 3.1

名称	耐火等级	防火分区的最大允许建筑面积(m^2)	备注
高层民用建筑	一、二级	1500	对于体育馆、剧场的观众厅防火分区的最大允许建筑面积可适当增加
单、多层民用建筑	一、二级	2500	—
	三级	1200	
	四级	600	

续表

名称	耐火等级	防火分区的最大允许建筑面积（m²）	备注
地下或半地下建筑（室）	一级	500	设备用房的防火分区最大允许建筑面积不应大于1000m²

注：1. 表中规定的防火分区最大允许建筑面积，当建筑内设置自动灭火系统时，可按本表的规定增加1.0倍；局部设置时，防火分区的增加面积可按该局部面积的1.0倍计算。2. 裙房与高层建筑主体之间设置防火墙时，裙房的防火分区可按单、多层建筑的要求确定。

防烟分区是指在建筑物内部采用挡烟设施分隔，能在一定时间内防止火灾烟气向同一建筑的其余部分蔓延的局部空间。防烟分区，是有利于建筑物内人员安全疏散和有组织排烟而采取的技术措施，防烟分区在防火分区中分隔，不得跨越防火分区设置。挡烟设施一般采用挡烟垂壁、隔墙或者从顶板下凸出不小于50cm的梁等具有一定耐火等级的不燃烧体来划分的防烟、蓄烟空间。

防烟分区、防火分区的大小及布置原则参见《建筑设计防火规范（2018年版）》GB 50016—2014和《建筑防烟排烟系统技术标准》GB 51251—2017。表3.2为公共建筑、工业建筑防烟分区的最大允许面积及其长边最大允许长度。

公共建筑、工业建筑防烟分区的最大允许面积及其长边最大允许长度　　表3.2

空间净高 H（m）	最大允许面积（m²）	长边最大允许长度（m）
$H \leqslant 3.0$	500	24
$3.0 < H \leqslant 6.0$	1000	36
$H > 6.0$	2000	60m；具有自然对流条件时，不应大于75m

注：1. 公共建筑工业建筑中的走道宽度，不大于2.5m时，其防烟分区的长边长度不应大于60m；2. 当空间净高大于9m时，防烟分区之间可不设挡烟设施；3. 汽车库防烟分区的划分及其排烟量应符合《汽车库、修车库、停车场设计防火规范》GB 50067—2014的相关规定。

3.1.2　专业术语介绍

1. 烟羽流

烟羽流指的是火灾时烟气卷吸周围空气所形成的混合烟气流，烟羽流按火焰及烟的流动情形可分为轴对称型烟羽流、阳台溢出型烟羽流、窗口型烟羽流等。其中轴对称型烟羽流在上升过程中不与四周墙壁或障碍物接触，并且不受气流干扰；阳台溢出型烟羽流从着火房间的门（窗）梁处溢出，并沿着火房间外的阳台或水平突出物流动，至阳台或水平突出物的边缘向上溢出至相邻高大空间；窗口型烟羽流从发生通风受限火灾的房间或隔间的门窗等开口处溢出至相邻高大空间。图3.1为不同类型的烟羽流。

2. 储烟仓

储烟仓位于建筑空间顶部由挡烟垂壁梁或隔墙等组成的用于蓄积火灾烟气的空间，如图3.2所示。

3. 清晰高度

清晰高度指烟层下缘至室内地面的高度，如图3.3所示。

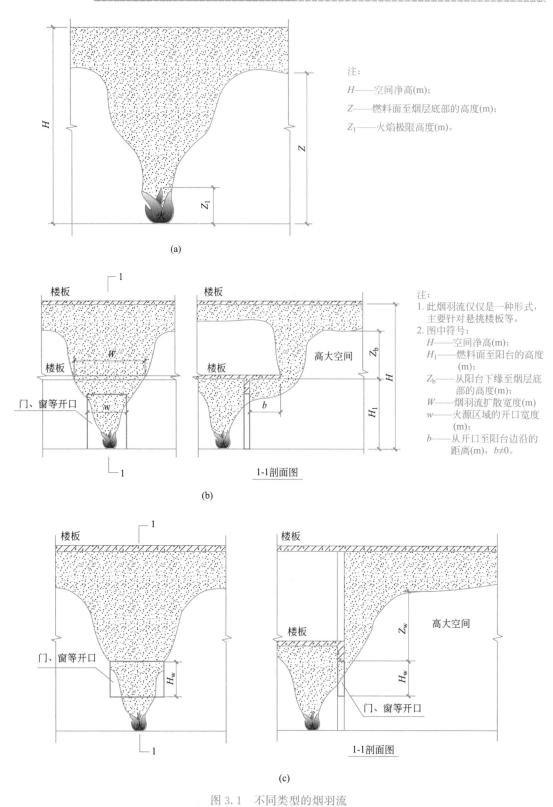

注:

H——空间净高(m);

Z——燃料面至烟层底部的高度(m);

Z_1——火焰极限高度(m)。

(a)

注:

1. 此烟羽流仅仅是一种形式，主要针对悬挑楼板等。

2. 图中符号:

H——空间净高(m);

H_1——燃料面至阳台的高度(m);

Z_b——从阳台下缘至烟层底部的高度(m);

W——烟羽流扩散宽度(m);

w——火源区域的开口宽度(m);

b——从开口至阳台边沿的距离(m)，$b \neq 0$。

(b)

(c)

图 3.1 不同类型的烟羽流

(a) 轴对称型烟羽流；(b) 阳台溢出型烟羽流；(c) 窗口型烟羽流

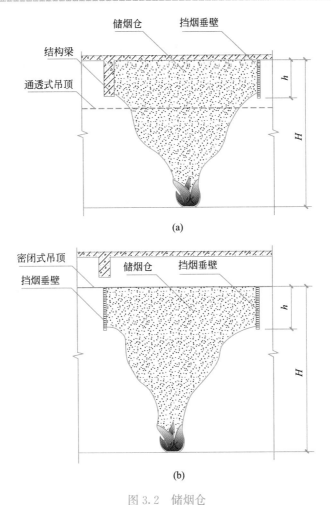

图 3.2　储烟仓

（a）无吊顶或通透式吊顶的储烟仓示意图；（b）密闭式吊顶的储烟仓示意图

注：h 表示储烟仓厚度。

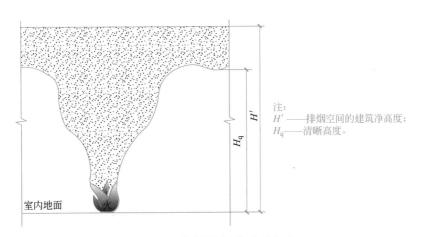

图 3.3　单个楼层空间清晰高度

4. 独立前室

独立前室是防烟楼梯间前室的一种。随着建筑高度和重要性的提高，楼梯间疏散功能需要得到越来越高等级的保障，如建筑专业设置有封闭楼梯间、防烟楼梯间等。封闭楼梯间通过防火门直接与疏散走道连接，防烟楼梯间与疏散走道之间增设一个安全区域，此安全区域称为前室。独立前室，指该前室仅为与其相连的防烟楼梯间使用，如图 3.4 所示。

5. 共用前室

共用前室如图 3.5 所示。

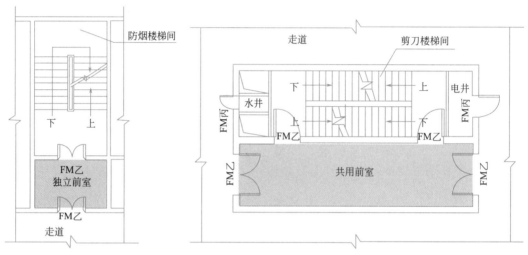

图 3.4　独立前室（只与一部
疏散楼梯相连的前室）

图 3.5　共用前室（两个楼梯间
共用一个前室）

6. 合用前室

图 3.6 为防烟楼梯间和消防电梯合并使用一个前室。

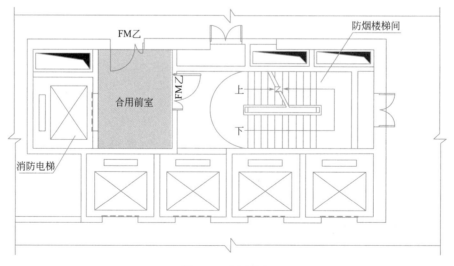

图 3.6　合用前室

课后作业

一、预习作业（想一想）

1. 了解防排烟系统在火灾发生时所起的作用。

2. 列举防排烟工程会用到哪些规范、图集等。

二、基本作业（做一做）

1. 整理本次课的课堂笔记。

2. 名词解释：防烟分区、防火分区、烟羽流、储烟仓、清晰高度。

3. 防排烟的目的是什么？

4. 在建筑内部采用_____、_____、_____、_____等防火分隔设施把建筑物划分为若干个防火单元。

5. 防火分区的作用_____。

6. 建筑物内防烟方式有_____和_____。

7. 防火分区分隔不包含（　　）。

A. 防火卷帘　　　　　B. 防火门　　　　　C. 楼板　　　　　D. 隔墙

8. 防烟分区分隔不包含（　　）。

A. 挡烟垂壁　　　　　　　　　　B. 隔墙

C. 不小于 50cm 的梁　　　　　　D. 柱子

9. 清晰高度指的是（　　）。

A. 烟层上缘至室内地面的高度

B. 烟层下缘至室内地面的高度

C. 烟层下缘至室外地面的高度

D. 烟层上缘至室外地面的高度

10. 防烟的目的之一是（　　）。

A. 将火灾发生时产生的烟气及时排除

B. 防止烟气向防烟分区以外扩散

C. 阻止烟气进入防烟区域内

D. 确保疏散通道安全、争取疏散时间

三、提升作业（选做）

1. 防烟分区与防火分区的关系是什么？

2. 防火分区划分完毕后，防烟分区划分过程中有什么注意事项？

3. 防烟分区划分依据哪些规范和条文？

任务 3.2 建筑防烟系统

教学目标

1. 认知目标
① 掌握防烟系统的主要作用;
② 掌握自然通风防烟和机械加压送风防烟的区别;
③ 掌握自然通风防烟和机械加压送风防烟的设置场合;
④ 能选择合适的机械加压送风系统设备。

2. 能力目标
① 能够根据建筑物的实际情况,依据规范相应条文,选择合适的防烟系统;
② 了解防烟系统计算过程,能对简单的建筑进行防烟系统计算。

3. 情感培养目标
通过对建筑防烟系统的系统学习,使学生充分理解在建筑中设置防烟系统的重要性,了解消防逃生相关知识,培养学生的安全意识、责任意识和消防意识,增强职业素养,严格认真对待工作。

4. 情感培养目标融入
高层甚至超高层建筑物的出现使得建筑消防越来越重要,学生通过学习防烟内容,了解逃生通道,对日后消防工作的开展有重要意义。通过课后阅读,使学生掌握正确的逃生方法,全面提高学生的危险防范意识。

教学重点

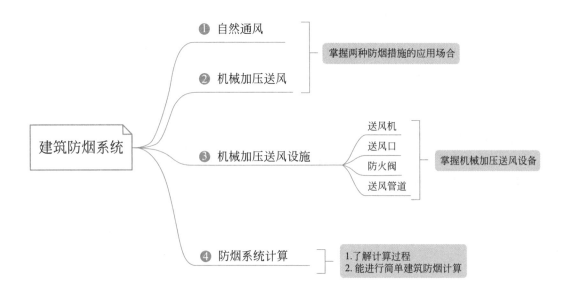

机械加压送风系统的设置与计算是难点。在讲解时，注意与标准图纸的结合。防烟的计算可以降低要求，让有能力的学生掌握。

3.2.1　防烟系统的应用场合

建筑中的楼梯间和前室均为安全区域，火灾发生时，人员通过"安全出口"进入这些安全区域。设置防烟系统目的就是不让火灾烟气进入到这些安全区域，保障这些区域是一个无火灾烟气的安全环境。

营造无火灾烟气的方式有两种，自然通风方式和机械加压送风方式。自然通风，无机械动力设备，是使随疏散人员进入的火灾烟气通过开启的外窗迅速排至室外；机械加压送风，通过送风机使安全区域内压力升高阻止烟气进入。通常，对于高层建筑，其自然通风效果受建筑本身的密闭性以及自然环境中的风向、风压的影响较大，难以保证防烟效果，因此需要采用机械加压送风方式，将室外新鲜空气输送到上述区域，阻止烟气流向这些安全区域。

根据《建筑防火通用规范》GB 55037—2022，建筑的下列场所或部位应设置防烟设施：防烟楼梯间及其前室；消防电梯间前室或合用前室；避难走道的前室；避难层（间）。这些场所必须设置防烟系统，防烟系统的设计应根据建筑高度、使用性质等因素，采用自然通风或机械加压送风系统。

建筑防烟系统的选择应符合《建筑防烟排烟系统技术标准》GB 51251—2017 的相关规定，主要内容如下：

（1）建筑高度大于 50m 的公共建筑、工业建筑和建筑高度大于 100m 的住宅建筑，其防烟楼梯间、独立前室、共用前室、合用前室及消防电梯前室应采用机械加压送风系统。

（2）建筑高度小于或等于 50m 的公共建筑、工业建筑和建筑高度小于或等于 100m 的住宅建筑，其防烟楼梯间、独立前室、共用前室、合用前室（除共用前室与消防电梯前室合用外）及消防电梯前室应采用自然通风系统；当不能设置自然通风系统时，应采用机械加压送风系统。防烟系统的选择尚应符合下列要求：

1）当独立前室或合用前室满足下列条件之一时，楼梯间可不设置防烟系统：

① 采用全敞开的阳台或凹廊（图 3.7）；

② 设有两个及以上不同朝向的可开启外窗，且独立前室两个外窗面积分别不小于 2.0m²，合用前室两个外窗面积分别不小于 3.0m²（图 3.8）。

2）当独立前室、共用前室及合用前室的机械加压送风口设置在前室的顶部或正对前室入口的墙面时，楼梯间可采用自然通风系统（图 3.9）；反之，楼梯间应采用机械加压送风系统。要求前室的机械加压送风口设置在前室的顶部，其目的是形成有效阻隔烟气的风幕；将风口设在正对前室入口的墙面上，是为了形成正面阻挡烟气侵入前室的效应。

3）当采用独立前室且其仅有一个门与走道或房间相连通时，前室可不设置机械加压送风系统（图 3.10），仅在楼梯间设置机械加压送风系统。

当独立前室有多个门时，或前室是合用前室、共用前室时，楼梯间和前室应分别独立设置机械加压送风系统（图 3.11）。

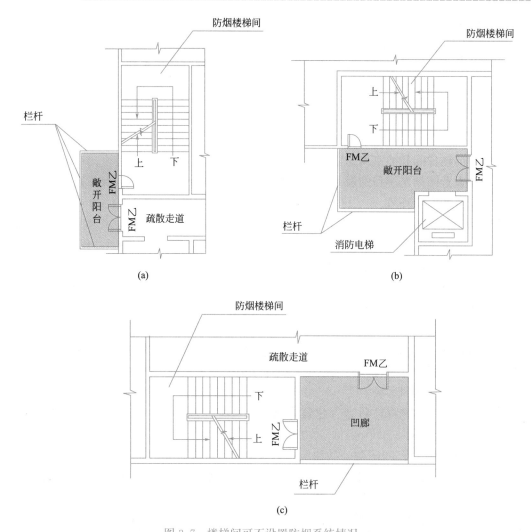

图 3.7　楼梯间可不设置防烟系统情况一

（a）利用敞开阳台作为独立前室的楼梯间；（b）利用敞开阳台作为合用前室的楼梯间；

（c）利用凹廊作为独立前室的楼梯间

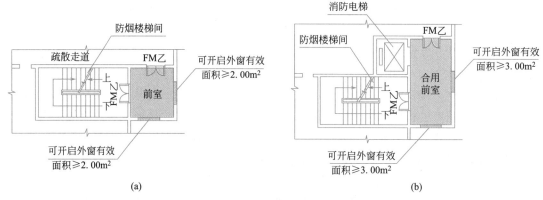

图 3.8　楼梯间可不设置防烟系统情况二（一）

（a）设有不同朝向可开启外窗的独立前室；（b）设有不同朝向可开启外窗的合用前室

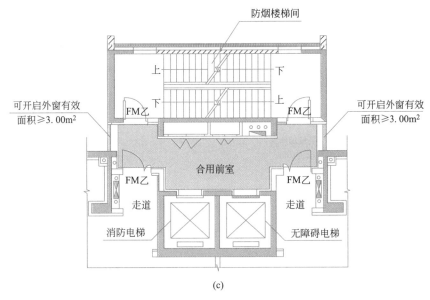

图 3.8 楼梯间可不设置防烟系统情况二（二）

（c）设有不同朝向可开启外窗的合用前室

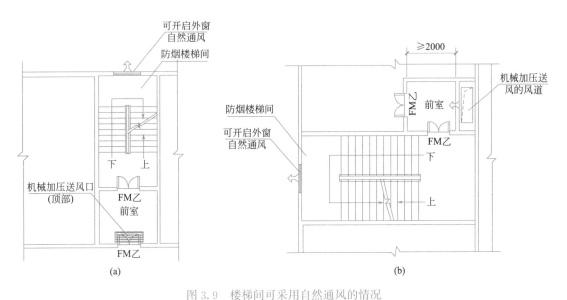

图 3.9 楼梯间可采用自然通风的情况

（a）防烟楼梯间自然通风独立前室顶部设机械加压送风口；（b）防烟楼梯间自然通风独立前室
入口正对墙面设机械加压送风口

4）当防烟楼梯间在裙房高度以上部分采用自然通风时，不具备自然通风条件的裙房的独立前室、共用前室及合用前室应采用机械加压送风系统。

5）建筑地下部分的防烟楼梯间前室及消防电梯前室，当无自然通风条件或自然通风不符合要求时，应采用机械加压送风系统。

6）封闭楼梯间应采用自然通风系统（图 3.12），不能满足自然通风条件的封闭楼梯间，应设置机械加压送风系统（图 3.13）；当地下半地下室的封闭楼梯不与地上楼梯间共

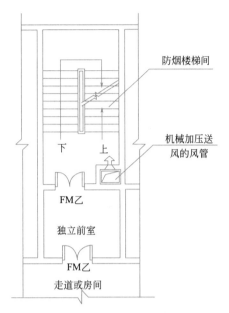

图 3.10　仅有一个门与走道或房间相通时，
前室可不设置机械加压送风系统

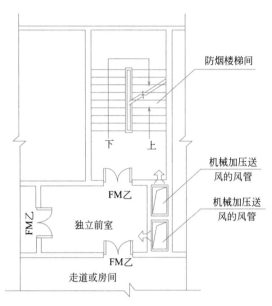

图 3.11　独立前室有多个门与走道或房间相通时，
楼梯间、独立前室应分别设置机械加压送风系统

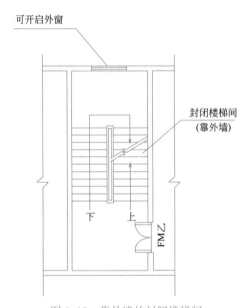

图 3.12　靠外墙的封闭楼梯间
利用可开启外窗自然通风

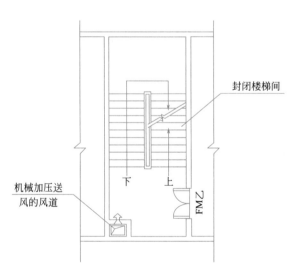

图 3.13　无自然通风条件的封闭楼梯间
采用机械加压送风系统

注：1. 封闭楼梯间靠外墙设置时，满足以下条件的，可采用自然通风方式防烟：（1）当地下仅为一层，且地下最底层的地坪与室外出入口地坪高差小于10m，当其首层有直接开向室外的门或有不小于1.2m² 可开启外窗。（2）封闭楼梯间地上每五层内可开启外窗有效面积不小于2.0m²，并保证该楼梯间最高部位设有有效面积不小于1.0m² 的可开启外窗、百叶窗或开口。2. 当封闭楼梯间不具备上述自然通风条件时，应采用机械加压送风系统。

用且地下仅为一层时，可不设置机械加压送风系统，但首层应设置有效面积不小于1.2m²的，可开启外窗或直通室外的疏散门。

7) 设置机械加压送风系统的场所，楼梯间应设置常开风口，前室应设置常闭风口，火灾时，其联动开启方式应符合标准规定。

8) 避难层的防烟系统可根据建筑构造、设备布置等因素选择自然通风系统或机械加压送风系统。

9) 避难走道应在其前室及避难走道分别设置机械加压送风系统，但下列情况可仅在前室设置机械加压送风系统：①避难走道一端设置安全出口，且总长度不小于30m；②避难走道两端设置安全出口，且总长度不小于60m。

3.2.2 防烟系统的设施

建筑防烟主要有两种方式：自然通风和机械加压送风。

1. 自然通风设施

自然通风是利用室内外温度差所造成的热压和风力作用所造成的风压，来实现的一种全面通风方式。它不消耗动力，但可以获得巨大的通风换气量。

当建筑物采用自然通风方式时，应满足以下要求：

(1) 采用自然通风方式的封闭楼梯间，防烟楼梯间应在最高部位设置面积不小于1.0m²的可开启外窗或开口；当建筑高度大于10m时上应在楼梯间的外墙上，每5层内设置总面积不小于2.0m²的可开启外窗或开口，布置间隔不大于3层。

(2) 前室采用自然通风方式时，独立前室消防电梯前室，可开启外窗或开口，面积不应小于2.0m²，共用前室、合用前室不应小于3.0m²。

(3) 采用自然通风方式的避难层，应设有不同朝向的可开启外窗，且自然通风的有效面积不应小于该避难层地面面积的2%，且每个朝向的面积之和不应小于2.0m²（图3.14）。

(4) 可开启外窗应方便直接开启，设置在高处不便于直接开启的可开启外窗应在距地面高度为1.3～1.5m的位置设置手动开启装置。

2. 机械加压送风设施

(1) 为了防止送风系统负担楼层数太多或竖向高度过高，防烟楼梯间压力分布过于不均匀，影响防烟效果，建筑高度大于100m的高层建筑，其机械加压送风系统应竖向分段独立设置，且每段高度不应超过100m。该系统采用敞开式加压送风口时，机械加压送风机的出风管或进风管上需加设电动风阀，以防止平时状态时，因自然拔风造成的冷空气侵入。送风机的设置位置优先选择在机械加压送风系统的下部。

(2) 除规定外，采用机械加压送风系统的防烟楼梯间及其前室应分别设置送风井（管）道，送风口（阀）和送风机。

(3) 建筑高度小于或等于50m的建筑，当楼梯间设置加压送风井（管）道确有困难时，楼梯间可采用直灌式加压送风系统（图3.15），并应符合下列规定：①建筑高度大于32m的高层建筑，应采用楼梯间两点部位送风的方式，送风口之间距离不宜小于建筑高度的1/2；②直灌式加压送风系统的送风量应按计算（或查表）送风量再增加20%；③加压送风口不宜设在影响人员疏散的部位。由于机械加压送风口的风速较高，送风口应设置在楼梯平台上部，若设置在下部，会阻碍人员的疏散。

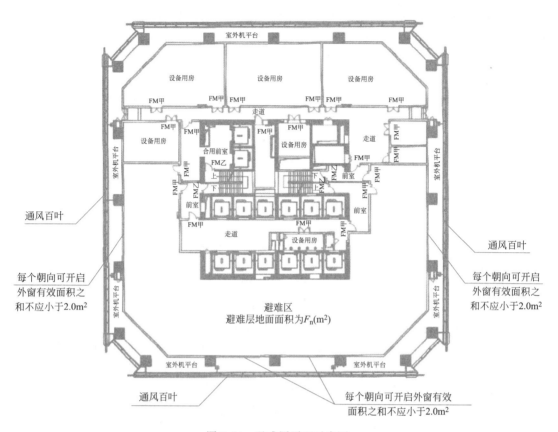

图 3.14 避难层平面示意图

注：

1. 以此图为例，自然通风的避难层（间）不同朝向的可开启外窗或百叶窗，自然通风的总有效面积 F 应满足：$F \geqslant F_n \times 2\%$。

2. 对每个朝向上的开窗面积作出规定，除保证排烟效果外，也是为了满足避难人员的新风要求。

（4）送风风机

机械加压送风风机可采用轴流风机或中、低压离心风机。送风风机的进风口应直通室外，且应采取防止烟气被吸入的措施。送风风机的进风口宜设在机械加压送风系统的下部，送风机的进风口不应与排烟风机的出风口设在同一层面。当必须设在同一层面时，送风机的进风口与排烟风机的出风口应分开布置。竖向布置时，送风机的进风口应设置在排烟机出风口的下方，其两者边缘最小垂直距离不应小于 6.0m；水平布置时，两者边缘最小水平距离不应小于 20.0m。

送风风机宜设在系统下部，且应采取保证各层送风量均匀性的措施。送风风机应设置在专用机房内。该房间应采用耐火极限不低于 2.0h 的隔墙和 1.5h 的楼板及甲级防火门与其他部位隔开。当送风机出风管或进风管上安装单向风阀或电动风阀时，应采取火灾时自动开启阀门的措施。机械加压送风风机的全压除计算最不利环路管道压头损失外尚应有余压，对防烟楼梯间：40～50Pa；对前室、合用前室、消防电梯前室、封闭避难层：25～30Pa。

（5）送风口

加压送风口的设置应符合下列规定：除直灌式送风方式外，楼梯间宜每隔 2～3 层设

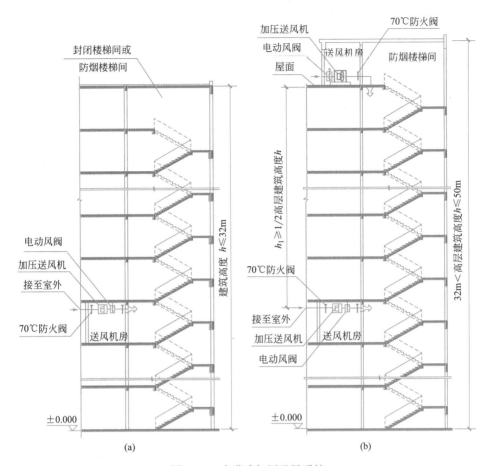

图 3.15　直灌式加压送风系统

（a）小于等于 32m 的建筑楼梯间直灌式加压送风系统；（b）大于 32m 且小于等于 50m 的高层建筑楼梯间直灌式加压送风系统

一个常开式百叶送风口（图 3.16）；前室应每层设一个常闭式加压送风口，并应设手动开启装置（图 3.17）；送风口的风速不宜大于 7m/s；送风口不宜设在被门挡住的部位；楼梯间采用常开式百叶送风口，应在加压送风机出风管上加设止回阀。

（6）加压送风管道

机械加压送风系统应采用管道送风，且不应采用土建风道。送风井（管）道应采用不燃烧材料制作，且内壁应光滑。当采用金属管道时，管道设计风速不应大于 20m/s；当采用非金属材料管道时，管道设计风速不应大于 15m/s。

竖向设置的送风管道应独立设置在管道井内，当确有困难时，未设置在管道井内或其他管道合用管道井的送风管道，其耐火极限不应小于 1.00h。

水平设置的送风管道，当设置在吊顶内时，其耐火极限不应低于 0.50h；当未设置在吊顶内时，其耐火极限不应低于 1.00h。

机械加压送风管系统的井道应采用耐火极限不小于 1.00h 的隔墙与相邻部位分隔，当墙上必须设置检修门时应采用乙级防火门。

设置机械加压送风的场所，往往会因为外窗的开启导致空气大量外泄，因此为保证机

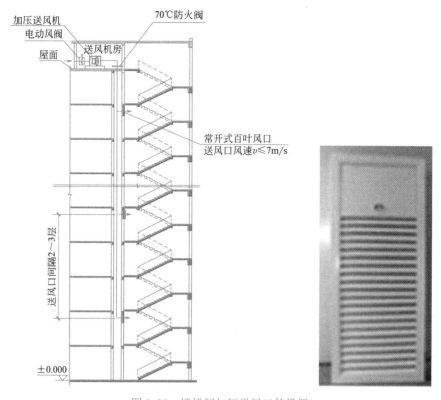

图 3.16 楼梯间加压送风口的设置

械加压送风的效果，不建议设置可开启外窗。

设置机械加压送风系统的封闭楼梯间、防烟楼梯间，尚应在其顶部或最上一层外墙上设置常闭式应急排烟窗，且该应急排烟窗应具有手动和联动开启功能。设置机械加压送风系统的避难层（间），尚应在外墙设置可开启外窗，其有效面积不应小于该避难层（间）地面面积的 1%。

3.2.3　防烟系统计算

1. 自然通风设施计算

可开启外窗的有效面积计算应符合下列规定：

1）当开窗角>70°的悬窗时，其面积应按窗的面积计算；当开窗角≤70°时，其面积应按窗最大开启时的水平投影面积计算；

2）当开窗角>70°的平开窗时，其面积应按窗的面积计算；当开窗角≤70°时，其面积应按窗最大开启时的竖向投影面积计算；

3）当采用推拉窗时，其面积应按开启的最大窗口面积计算；

4）当采用百叶窗时，其面积应按窗的有效开口面积计算；

5）当采用平推窗设置在顶部时，其面积应按窗的 1/2 周长与平推距离乘积计算，且不应大于窗面积；

6）当采用平推窗设置在侧墙时，其面积应按窗的 1/4 周长与平推距离乘积计算，且不应大于窗面积。

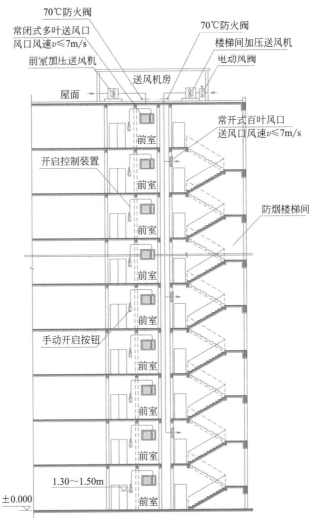

图 3.17　独立前室、共用前室、合用前室加压送风口的设置

2. 机械加压送风系统风量计算

（1）疏散门允许压力差计算

机械加压送风应满足走廊、前室、楼梯间的压力呈递增分布，余压值应符合下列要求：前室、合用前室、消防电梯前室、封闭避难层（间）与走道之间的压差，应为 25～30Pa。防烟楼梯间、封闭楼梯间与走道之间的压差，应为 40～50Pa。当系统余压值超过最大允许压力差时，应采取泄压措施，最大允许压力差应按下列公式计算确定：

$$P = 2(F' - F_{dc})(W_m - d_m)/(W_m \times A_m)$$

$$F_{dc} = M/(W_m - d_m) \tag{3-1}$$

式中，P——疏散门的最大允许压力差（Pa）；

　　F'——门的总推力，一般取 110N；

　　F_{dc}——门把手处克服闭门器所需要的力（N）；

　　W_m——单扇门的宽度（m）；

A_m —— 门的面积（m^2）；

d_m —— 门的把手到门闩的距离（m）；

M —— 闭门器的开启力矩（N·m）。

（2）机械加压送风量计算

机械加压送风系统的设计风量，不应小于计算风量的 1.2 倍。计算风量的计算方法如下：

1）防烟楼梯间、独立前室、共用前室、合用前室和消防电梯前室的机械加压送风计算风量应按下列公式确定：

$$L_j = L_1 + L_2$$
$$L_s = L_1 + L_3 \tag{3-2}$$

式中，L_j —— 楼梯间的机械加压送风量；

L_s —— 前室的机械加压送风量；

L_1 —— 门开启时达到规定分数值所需要的送风量（m^3/s）；

L_2 —— 门开启时规定风速下，其他门缝漏风总量（m^3/s）；

L_3 —— 未开启的常闭送风阀的漏风总量（m^3/s）。

门开启时达到规定风速值所需的送风量应按下式计算：

$$L_1 = A_k \cdot v \cdot N_1 \tag{3-3}$$

式中，A_k —— 层内开启门的截面面积（m^2）对于住宅楼梯前室可按一个门的面积取值；

v —— 门洞断面风速（m/s）；当楼梯间和独立前室、共用前室、合用前室均机械加压送风时，通向楼梯间和独立前室、共用前室、合用前室疏散门的门洞断面风速均不应小于 0.7m/s；当楼梯间机械加压送风，只有一个开启门的独立前室不送风时，通向楼梯间疏散门的门洞断面风速不应小于 1.0m/s；当消防电梯前室机械加压送风时，通向消防电梯前室门的门洞断面风速不应小于 1.0m/s；当独立共用前室、独立前室机械加压送风，而楼梯间采用可开启外窗的自然通风系统时，通向独立前室、共用前室或合用前室的疏散门，门洞风速不应小于 $0.6\left(\dfrac{A_1}{A_g} + 1\right)$（m/s），$A_1$ 为楼梯间疏散门的总面积（m^2），A_g 为疏散前疏散门的总面积（m^2）；

N_1 —— 设计疏散门开启的楼层数量。楼梯间采用常开风口，当地上楼梯间为 24m 以下时，设计 2 层内的疏散门开启，取 $N_1 = 2$；当地上楼梯间为 24m 及以上，设计 3 层内的疏散门开启，取 $N_1 = 3$；当为地下楼梯间时，设计 1 层内的疏散门开启，取 $N_1 = 1$。前室采用常闭风口计算风量时，取 $N_1 = 3$。

门开启时规定风速值下的，其他门漏风总量应按下式计算：

$$L_2 = 0.827 \times A \times \Delta P^{1/n} \times 1.25 \times N_2 \tag{3-4}$$

式中，A —— 每个疏散门的有效漏风面积（m^2）；疏散门的门缝宽度取 0.002~0.004m；

ΔP —— 计算漏风量的平均压力差，当开启门洞处风速为 0.7m/s 时，取 $\Delta P = 6.0$Pa；当开启门洞处风速为 1.0m/s 时，取 ΔP 等于 12.0Pa；当开启门洞风速为 1.2m/s 时，取 $\Delta P = 17.0$Pa；

n——指数（一般取 $n=2$）；

1.25——不严密处附加系数；

N_2——漏风疏散门的数量，楼梯间采用常开风口，取 N_2－加压楼梯间的总门数

　　　　N_1 楼层数上的总门数。

未开启的常闭送风阀的漏风总量应按下式计算：

$$L_3 = 0.083 \times A_f \times N_3 \tag{3-5}$$

式中，0.083——阀门单位面积的漏风量 $[\mathrm{m}^3 / (\mathrm{s \cdot m}^2)]$；

　　　　A_f——单个送风阀门的面积（m^2）；

　　　　N_3——阀门的数量。前室采用常闭风口时，取 N_3＝楼层数－3。

当系统负担建筑高度大于 24m 时，防烟楼梯间独立前室、合用前室和消防电梯前室应按计算值与表 3.3～表 3.6 的值中较大者确定。

楼梯间自然通风，独立前室、合用前室加压送风的计算风量　　　　表 3.3

系统负担高度 h（m）	加压送风量（m^3/h）
24＜h≤50	42400～44700
50＜h≤100	45000～48600

防烟楼梯间、独立前室、合用前室分别加压送风的计算风量　　　　表 3.4

系统负担高度 h（m）	送风部位	加压送风量（m^3/h）
24＜h≤50	楼梯间	25300～27500
	独立前室、合用前室	24800～25800
50＜h≤100	楼梯间	27800～32200
	独立前室、合用前室	26000～28100

注：1. 上述表格的风量按开启一个 2.0m×1.6m 的双扇门确定；当采用单扇门时，其风量可乘以系数 0.75 计算。

　　2. 表中风量按开启着火层及其上下层，共开启 3 层的风量计算。

　　3. 表中风量的选取应按建筑高度或层数、风道材料、防火门漏风量等因素综合确定。

消防电梯前室加压送风的计算风量　　　　表 3.5

系统负担高度 h（m）	加压送风量（m^3/h）
24＜h≤50	35400～36900
50＜h≤100	37100～40200

前室不送风，封闭楼梯间、防烟楼梯间加压送风的计算风量　　　　表 3.6

系统负担高度 h（m）	加压送风量（m^3/h）
24＜h≤50	36100～39200
50＜h≤100	39600～45800

2）避难层（间）、避难走道的机械加压送风量，应按避难层（间）、避难走道的净面积每平方米不少于 30m^3/h 计算，即：$L = F_\mathrm{m} \times 30$（$\mathrm{m}^3$/h）。避难走道的前室送风量应按直接开向前室的疏散门的总断面积乘以 1.0m/s 门洞断面风速计算，即：$L_1 = F_\mathrm{d1} \times 1.0$（$\mathrm{m}^3$/h）；$L_2 = F_\mathrm{d2} \times 1.0$（$\mathrm{m}^3$/h）。避难走道、避难走道前室平面图如图 3.18 所示。

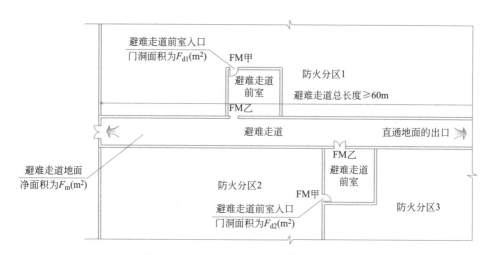

图 3.18 避难走道、避难走道前室平面图

3. 防烟计算案例

某商务大厦办公楼防烟楼梯间共 13 层，高 48.1m，每层楼梯间有 1 个 1.6m×2.0m 双扇门，楼梯间的送风口均为常开风口；前室也是 1 个 1.6m×2.0m 双扇门（楼梯间机械加压送风，前室不送风），求设计风量应不少于多少？

解：（1）开启着火层疏散门时为保持门洞处风速所需送风量 $L_1 = A_k v N_1$；

开启门的截面积 $A_k = 1.6×2.0$；

门洞处风速 $v = 1.0$m/s；常开风口开起门的数量 $N_1 = 3$；

所需送风量：$L_1 = 9.6 \text{m}^3/\text{s}$。

（2）对楼梯间保持加压部位一定的正压值所需送风量：

$$L_2 = 0.827 A \Delta P^{1/n} × 1.25 × N_2$$

取门缝宽 0.004m，每层疏散门的有效漏风面积 $A = (2.0×3 + 1.6×2) × 0.004$。

漏风门数量 $N_2 = 13 - 3 = 10$；$\Delta P = 12.0$Pa；n 一般取 2；

所需送风量 $L_2 = 1.3178 \text{m}^3/\text{s} ≈ 1.32 \text{m}^3/\text{s}$。

（3）楼梯间所需送风量 $L_j = L_1 + L_2 = 10.92 \text{m}^3/\text{s} ≈ 39312 \text{m}^3/\text{h}$。

设计风量不应小于计算风量 1.2 倍，因此设计风量应不小于：$39312×1.2 = 47174 \text{m}^3/\text{h}$。

课后作业

一、预习作业（想一想）

1. 了解什么是排烟系统。

2. 了解排烟系统的种类划分。

二、基本作业（做一做）

1. 整理本次课的课堂笔记。

2. 思考建筑物哪些部位需要机械加压送风？

3. 25 层的办公建筑有一靠外墙的防烟楼梯间，该防烟楼梯间共有 25 个 1.5m×2.1m

的通向前室的双扇防火门和 20 个 1.5m×1.6m 的外窗。该防烟楼梯间及其前室设置防烟措施正确且投资较少的应该是（　　）。

  A. 仅对该楼梯间加压送风　　　　　　B. 仅对该楼梯间前室加压送风

  C. 该楼梯间和前室均加压送风　　　　D. 该楼梯间和前室均不设加压送风

4. 建筑中下列（　　）可不设置防烟设施？

  A. 消防电梯前室　　　　　　　　　　B. 避难间

  C. 避难走道　　　　　　　　　　　　D. 普通电梯井道

5. 某超高层建筑的一避难层，净面积为 $800m^2$，需设加压送风系统，正确的送风量应为（　　）？

  A. ≥24000m^3/h　　　　　　　　　B. ≥20000m^3/h

  C. ≥16000m^3/h　　　　　　　　　D. ≥12000m^3/h

6. 某 30 层的高层公共建筑，其避难层净面积为 $1220m^2$，需设机械加压送风系统，不符合规定的加压送风量是（　　）？

  A. 34200m^3/h　　　　　　　　　　B. 37500～34200m^3/h

  C. 38000～34200m^3/h　　　　　　D. 40200～34200m^3/h

7. 某高层建筑设置有避难层，避难层的净面积为 $650m^2$，需加设加压送风系统。下列设计送风量（　　）不符合要求？

  A. ≥22500m^3/h　　　　　　　　　B. ≥19500m^3/h

  C. ≥20000m^3/h　　　　　　　　　D. ≥12000m^3/h

8. 采用自然通风方式的避难层（间）应设有不同朝向的可开启外窗，其有效面积不应小于该避难层（间）地面面积的＿＿＿＿＿＿＿＿＿，且每个朝向的有效面积不应小于＿＿＿＿＿＿ m^2。

9. 建筑高度大于 100m 的高层建筑，其机械加压送风系统应＿＿＿＿分段独立设置，且每段高度不应超过＿＿＿＿。

10. 直灌式加压送风是＿＿＿＿＿＿＿＿＿＿＿＿＿＿＿＿＿＿＿＿＿＿＿＿＿＿＿＿＿。

11. 机械加压送风风机可采用＿＿＿＿＿＿＿＿，＿＿＿＿＿＿＿＿＿并应在其机房入口处设有温度为＿＿＿＿＿＿＿＿，保证排烟风机在此温度下能连续工作＿＿＿＿＿＿时间。

12. 加压送风口的设置应符合下列规定：除直灌式送风方式外，楼梯间宜＿＿＿＿＿＿＿＿＿＿＿＿＿＿＿＿＿；前室应＿＿＿＿＿＿＿＿＿＿＿＿＿＿；送风口的风速＿＿＿＿＿＿＿＿＿＿＿＿＿＿＿＿＿＿＿。

13. 机械加压送风系统应采用管道送风，且不应采用＿＿＿＿。送风井（管）道应采用不燃烧材料制作，且内壁应光滑。当采用金属管道时，管道设计风速＿＿＿＿＿＿；当采用非金属材料管道时，管道设计风速＿＿＿＿＿＿＿＿。

14. 封闭避难层（间）、避难走道的机械加压送风量应按＿＿＿＿＿＿＿＿计算。

三、提升作业（选做）

建筑高度小于或等于 50m 的公共建筑、工业建筑和建筑高度小于或等于 100m 的住宅建筑，当防烟楼梯间的前室、合用前室符合哪些要求时，楼梯间可不设防烟设施？

任务 3.3 建筑排烟系统

教学目标

1. 认知目标

① 掌握建筑排烟系统的主要作用及设置场合；

② 掌握自然排烟和机械排烟的区别；

③ 掌握建筑排烟系统设备；

④ 了解建筑排烟系统的计算。

2. 能力目标

① 能够根据建筑物的实际情况，依据规范相应条文，选择合适的排烟系统；

② 了解排烟系统计算过程，能进行建筑物的简单排烟系统计算。

3. 情感培养目标

通过了解建筑物排烟设置的要求，进一步培养学生消防意识，拓宽学生消防相关知识，提高安全防范意识；鼓励学生将所学消防知识向市民普及。

4. 情感培养目标融入

高层甚至超高层建筑物的出现使得建筑消防越来越重要，通过学生学习排烟内容，了解排烟的目的，对日后消防工作的开展有重要意义。通过课后阅读，使学生掌握消防知识，全面提高学生的危险防范意识。

教学重点

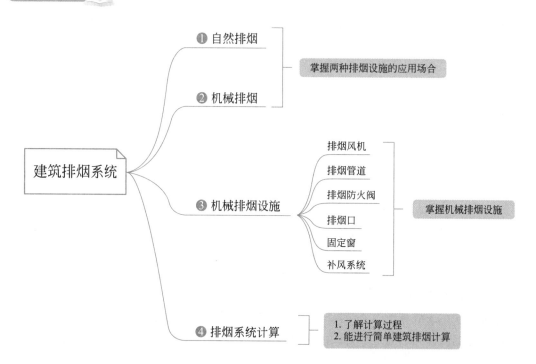

教学难点

　　机械排烟系统的设置与计算是难点。在讲解时，注意与标准图纸的结合。排烟的计算可以降低要求，让有能力的学生掌握。

3.3.1　排烟系统的应用场合

　　《建筑防火通用规范》GB 55037—2022 中规定，民用建筑的下列场所或部位应设置排烟设施：

　　1. 设置在一、二、三层且房间建筑面积大于 100m² 的歌舞娱乐放映游艺场所。设置在四层及以上楼层、地下或半地下的歌舞娱乐放映游艺场所。

　　2. 中庭。

　　3. 公共建筑内建筑面积大于 100m²，且经常有人停留的地上房间；公共建筑内建筑面积大于 300m² 且可燃物较多的地上房间。

　　4. 建筑内长度大于 20m 的疏散走道。

　　5. 地下或半地下建筑（室）、地上建筑内的无窗房间，当总面积大于 200m² 或一个房间建筑面积大于 50m²，且经常有人停留或可燃物较多时，应设置排烟设施。

　　其中，中庭排烟设施的设置有如下规定：

　　（1）当中庭有与其相连通的回廊及周围场所时。

　　1）当回廊周围场所均设置排烟设施，回廊可不设；但对于商业建筑中有回廊的中庭，即使周围场所均设置排烟设施，回廊也应设置排烟设施。

　　2）当周围场所任一房间未设置排烟设施时，回廊应设置排烟设施。

　　3）当中庭与周围场所未采用防火隔墙、防火玻璃幕墙、防火卷帘时，中庭与周围场所间应设置挡烟垂壁。

　　（2）当中庭无回廊时，与中庭相连的使用房间空间应优先采用机械排烟方式，强化排烟措施。

　　建筑排烟系统可以分为自然排烟系统和机械排烟系统两种。建筑排烟系统的设置应根据建筑的使用性质、平面布局等因素，优先采用自然排烟系统。《建筑防烟排烟系统技术标准》GB 51251—2017 中明确规定，同一个防烟分区采用同一种排烟方式，如图 3.19 所示。

1. 自然排烟

　　自然排烟就是利用发生火灾时，高温烟气与室外空气的密度差产生的热压和室外空气流动产生的风压的共同作用，通过建筑开口将建筑内的烟气直接排出室外。

　　（1）自然排烟的方式

　　1）利用可开启的外窗进行自然排烟。

　　2）利用室外阳台或凹廊进行自然排烟。

　　自然排烟结构简单经济，不需要动力设备，因此对于满足自然排烟的建筑首先考虑自然排烟方式。但自然排烟存在一些问题，使其使用受到一定限制。

　　（2）自然排烟存在的问题

　　1）对建筑设计的制约。自然排烟必须要求建筑物中需要排烟的房间有一定的面积设

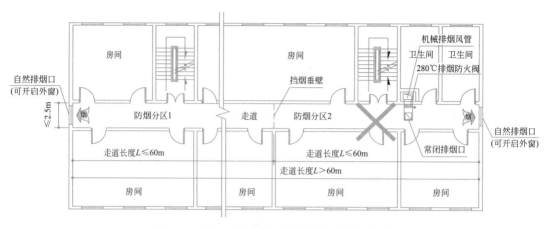

图 3.19　同一个防烟分区采用同一种排烟方式

置可开启外窗。

2）具有火势蔓延至上层的危险性。利用外部开口进行排烟时，若火灾房间的温度很高，烟气中又含有大量未燃烧的气体，则烟气排出后就会形成火焰，这将会引起火势向上蔓延。

3）影响自然排烟的因素多。自然排烟的效果是靠烟气的浮力作用的，因此在建筑物室内外热压及风压的作用下会引起排烟困难，甚至发生烟气倒灌，使烟气蔓延至其他区域。

2. 机械排烟

机械排烟是在防烟分区内设置排烟风口，通过排烟管道和耐高温的排烟风机将火灾烟气直接排至室外的系统。在自然排烟不能满足排烟要求的场所或部位，必须设置机械排烟系统。

3.3.2　建筑排烟系统的设施

1. 自然排烟设施

采用自然排烟系统的场所应设置自然排烟窗（口）。自然排烟窗（口）应设置在排烟区域的顶部或外墙，并应符合下列要求：

（1）当设置在外墙上时，排烟窗应在储烟仓以内；但走道、室内净高不大于 3m 的区域的排烟窗可设在室内净高度的 1/2 以上。

（2）自然排烟窗（口）的开启形式应有利于火灾烟气的排出。

（3）房间面积不大于 200m² 时，排烟窗的开启方向可不限。

（4）宜分散均匀布置，每组排烟窗的长度不宜大于 3.0m。

（5）设置在防火墙两侧的排烟窗之间水平距离不应小于 2.0m。

（6）自动排烟窗附近应同时设置便于操作的手动开启装置，手动开启装置距地面高度宜为 1.3～1.5m。净空高度大于 9m 的中庭、建筑面积大于 2000m² 的营业厅、展览厅、多功能厅等场所上应设置集中手动开启装置和自动开启设置。

除洁净厂房外，设置自然排烟系统的任意建筑的面积大于 2500m² 的制鞋、制衣、玩具、塑料、木器加工储存等丙类工业建筑，除自然排烟所需要排烟窗（口）外，尚宜在屋面上增设可溶性采光带（窗），可熔性采光带（窗）的熔化温度应为 80～110℃，且不产生熔滴。其面积要求：未设置自动喷水灭火系统的，或采用钢结构屋顶或采用预应力钢筋混凝土屋面板的建筑，不应小于楼地面面积的 10%，其他建筑不应小于楼地面面积的 5%。

设置在防火墙两侧的排烟窗、可熔性采光带（窗）、洞口与防火墙的距离应符合《建筑设计防火规范（2008 年版）》GB 50016—2014 关于防火墙两侧窗、洞口的相关规定。

2. 机械排烟设施

当建筑的机械排烟系统沿水平方向布置，每个防火分区的机械排烟系统应独立设置。

建筑高度超过 50m 的公共建筑和建筑高度超过 100m 的住宅，其排烟系统应竖向分段独立设置，且公共建筑每段高度不应超过 50m，住宅建筑每段高度不应超过 100m。

排烟系统与通风、空调系统应分开设置；当确有困难时可以合用，但应符合排烟系统的要求；且当排烟口打开时，每个排烟系统的管道上需联动关闭的通风和空气调节系统的控制阀门不应超过 10 个。

1）排烟风机

排烟风机宜设置在排烟系统的最高处，烟气出口宜朝上，并应高于加压送风机和补风机的进风口，如图 3.20 所示。

图 3.20　屋顶排烟风机安装图

排烟风机应设置在专用机房内，且风机两侧应有 600mm 以上的空间。当必须与其他风机合用机房时（图 3.21），应符合下列条件：机房内应设有自动喷水灭火系统；机房内不得设有用于机械加压送风的风机与管道；排烟风机与排烟管道的连接部件应能在 280℃ 时连续运行 30min，保证其结构完整性。

通常排烟管道上不设软接管，但对于排风兼排烟的系统而言，由于要兼顾平时排风对周边环境的减震减噪，要求排烟风机与管道间需设软接管，软接管应为不燃材料，应能在 280℃ 的环境条件下连续工作不少于 30min；对于排风兼排烟系统中装设的消声器，其消声材料应为不燃材料；保温材料也应为不燃材料。

2）排烟管道

机械排烟系统应采用管道排烟，且不应采用土建风管。排烟管道应采用不燃材料制作

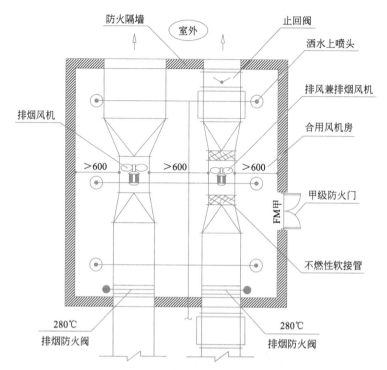

图 3.21 合用风机房（合用机房中排风兼排烟管道上设有软接管的平面示意）

且内壁光滑。排烟管道井应采用耐火极限不小于 1.0h 的隔墙与相邻区域分隔；当墙上必须设置检修门时，应采用乙级防火门；排烟管道的耐火极限不应低于 0.5h，当水平穿越两个及两个以上防火分区或排烟管道在走道的吊顶内时，其管道的耐火极限不应小于1.5h。当吊顶内有可燃物时，吊顶内的排烟管道应采用不燃烧材料进行隔热，并应与可燃物保持不小于 150mm 的距离；或者采取隔热措施，并保证在排烟时，隔热层外表面温度不大于 80℃。

排烟管道的设置及耐火极限还应符合下列规定：

① 排烟管道及其连接部件应能在 280℃时连续运行 30min，保证其结构完整性。

② 竖向排烟管道应设在独立的管道井内，排烟管道的耐火极限不应低于 0.5h。

③ 水平设置的排烟管道应设在吊顶内，耐火极限不应低于 0.5h；当确有困难时，可直接设置在室内，但管道耐火极限不应小于 1.0h。

④ 设在走道吊顶内的排烟管道以及穿越防火分区的排烟管道，耐火极限不应小于1.0h，但设备用房和汽车库的排烟管道耐火极限不应低于 0.5h。

当排烟管道内壁为金属时，管道设计风速不应大于 20m/s；当排烟管道内壁采用为非金属材料管道时，管道设计风速不应大于 15m/s；排烟管道的厚度应按《通风与空调工程施工质量验收规范》GB 50243—2016 的有关规定执行。

3）排烟防火阀（280℃）

排烟管道下列部位应设置排烟防火阀（图 3.22）：

① 垂直风管与每层水平风管交接的水平管道上。

② 一个排烟系统负担多个防烟分区的排烟支管上。

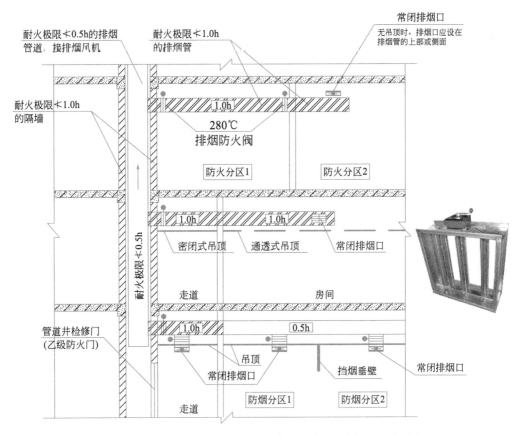

图 3.22　排烟防火阀设置（排烟管道设置排烟防火阀的要求示意）

③ 排烟风机入口处。

④ 穿越防火分区处。

4）排烟口

排烟口的设置按规范计算确定，且防烟分区内任一点与最近的排烟口之间的水平距离不应大于 30m，还应符合下列要求：①排烟口宜设在吊顶或靠近吊顶的墙面上；②排烟口应设置在的储烟仓内，但走道、室内空间净高不大于 3m 的区域，其排烟口可设置在其净空高度的 1/2 以上，当设置在侧墙时，吊顶与其最近边缘的距离不应大于 0.5m；③火灾时由火灾自动报警系统联动开启排烟区域的排烟阀或排烟口，应在现场设置手动开启装置；④排烟口的设置宜使烟流方向与人员疏散方向相反，排烟口与附近安全出口相邻边缘之间的水平距离 L 不应小于 1.5m（图 3.23）；⑤对于设置机械排烟系统的房间，当其建筑面积小于 50m^2 时，可通过走道排烟，排烟口设置在疏散走道。

当排烟口设在吊顶内，通过吊顶上部空间进行排烟时，应符合下列规定：①吊顶应采用不燃烧材料，且吊顶内不应有可燃物；②封闭式吊顶上设置的烟气流入口的颈部烟气速度不宜大于 1.5m/s；③非封闭吊顶的吊顶开孔率不应小于吊顶净面积的 25%，且应均匀布置。

81

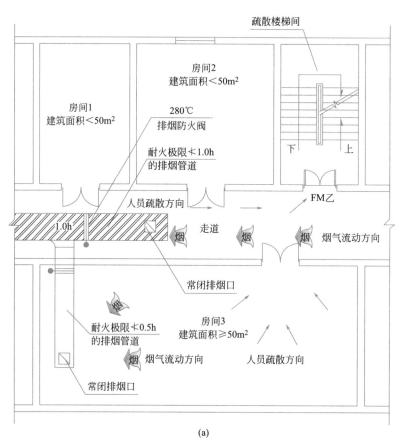

(a)

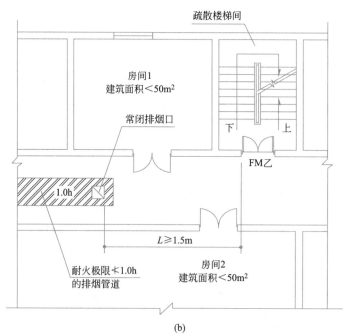

(b)

图 3.23 排烟口的设置

（a）烟流方向与人流疏散方向示意；（b）排烟口与安全出口水平距离要求示意

每个排烟口的排烟量不应大于最大允许排烟量，最大允许排烟量可通过计算或查阅《建筑防烟排烟系统技术标准》GB 51251—2017 的附录 B，排烟口的风速不宜大于 10m/s。

5）固定窗

在大型公共建筑（商业、展览等）、工业厂房（仓库）等建筑中，因为建筑的使用功能需求而存在大量的无窗房间。为保证满足火灾中排烟排热的需求，防止建筑物在高温下出现倒塌等恶劣情况，并为消防队员扑救时提供较好的内攻条件，因此在设置机械排烟系统的无窗房间，要求加设可破拆的固定窗，非顶层区域的固定窗应设置在外墙；顶层区域的固定窗应设置在屋顶或顶层的外墙，但未设置自动喷水灭火系统的以及采用钢结构屋顶或预应力钢筋混凝土屋面板的建筑应布置在屋顶。固定窗宜按每个防烟分区在屋顶或建筑外墙上均匀布置且不应跨越防火分区。除洁净厂房外，设置机械排烟系统的任意建筑的面积大于 2500m² 的制鞋、制衣、玩具、塑料、木器加工储存等丙类工业建筑，可采用熔性采光带（窗）代替固定窗。

6）补风系统

对于地上建筑设有机械排烟的走道、建筑面积小于 500m² 的房间，由于这些场所面积较小，排烟量也较小，可以利用建筑物的各种缝隙，满足排烟系统所需的部分要求。反之，则设置排烟系统的场所应设置补风系统。补风系统应直接从室外引入空气，补风量不应小于排烟量的 50%。补风系统可采用疏散外门、手动或自动可开启外窗等自然进风方式以及机械送风方式。防火门、窗不得做补风设施。

补风风机应设置在专用机房内。补风口与排烟口设置在同一空间内相邻的防烟分区时，补风口位置不限；当补风口与排烟口设置在同一防烟分区时，补风口应设在储烟仓下沿以下；补风口与排烟口水平距离不应少于 5m。补风管道耐火极限不应低于 0.5h，当补风管道跨越防火分区时，管道的耐火极限不应小于 1.5h。补风口设置如图 3.24 所示。

补风系统与排烟系统联动开启或关闭。机械补风口的风速不宜大于 10m/s；人员密集场所补风口的风速不宜大于 5m/s；自然补风口的风速不宜大于 3m/s。

3.3.3 排烟系统计算

1. 自然排烟窗的有效面积计算

排烟窗的有效面积应计算确定，并符合下列要求：

（1）当开窗角大于 70°时，其面积应按窗的面积计算；

（2）当开窗角小于等于 70°时，其面积应按窗的水平投影面积计算；

（3）当采用推拉窗时，其面积应按开启的最大窗口面积计算；

（4）当采用百叶窗时，其面积应按窗的有效开口面积计算；

（5）当采用平推窗设置在顶部时，其面积应按窗的 1/2 周长与平推距离乘积计算，且不应大于窗面积；

（6）当平推窗设置在侧墙时，其面积应按窗的 1/4 周长与平推距离乘积计算，且不应大于窗面积。

采用自然排烟时，厂房、仓库排烟窗的有效面积应符合下列要求：①采用自动排烟窗时，厂房的排烟面积不应小于排烟区域建筑面积的 2%，仓库的排烟面积应增加 1.0 倍；②采用手动排烟窗时，厂房的排烟面积不应小于排烟区域建筑面积的 3%，仓库的排烟面

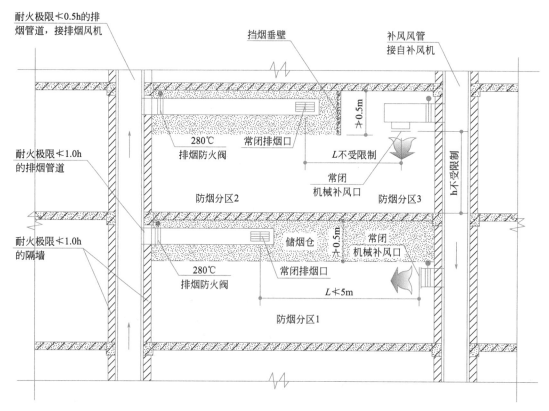

图 3.24　补风口设置（补风口与排烟口设置在同一空间内的剖面示意）

积应增加 1.0 倍。③当设有自动喷水灭火系统时，排烟面积可减半。

　　同时设置可开启外窗和可熔性固定采光带（窗）时，可熔性采光带（窗）按 40% 的面积折算成自动排烟窗的面积或按 60% 的面积折算成手动排烟窗的面积。

　　防烟分区内自然排烟窗（口）的面积、数量、位置经计算确定，且防烟分区内任意一点，与最近的自然排烟窗口之间的水平距离不应大于 30m；当工业建筑采用自然排烟方式时，其水平距离尚不应大于建筑内空间的净高的 2.8 倍；当公共建筑空间净高大于或等于 6m，且具有自然对流条件时，其水平距离不应大于 37.5m，如图 3.25 所示。

　　2. 排烟风量计算

　　排烟系统的设计风量不应小于该系统计算风量的 1.2 倍。

　　（1）除中庭外下列场所，一个防烟分区的排烟量计算应符合下列规定：

　　① 建筑空间净高小于或等于 6m 的场所，其排烟量应按不小于 60m³/（h·m²）计算，且取值不小于 15000m³/h；或设置有效面积不小于该房间建筑面积 2% 的自然排烟窗口。

　　② 公共建筑、工业建筑中空间净高大于 6m 场所，其每个防烟分区排烟量应根据场所内的热释放速率、清晰高度、烟羽流质量流量及烟羽流温度等参数计算确定，且不应小于表 3.7 中的数据。设置自然排烟（口），其所需要的排烟量应根据表 3.7 中的数据及自然排烟窗（口）处的风速计算。

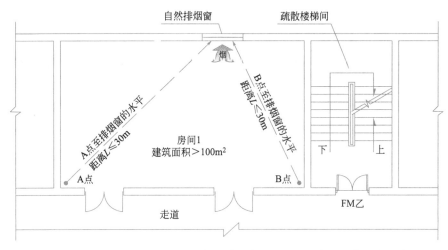

图 3.25　室内任一点至最近的自然排烟窗（口）之间水平距离要求示意

公共建筑、工业建筑中空间净高大于 **6m** 场所的计算排烟量及自然排烟侧窗（口）部风速

表 3.7

空间净高（m）	办公室、学校（×10⁴m³/h）		商店、展览厅（×10⁴m³/h）		厂房、其他公共建筑（×10⁴m³/h）		仓库（×10⁴m³/h）	
	无喷淋	有喷淋	无喷淋	有喷淋	无喷淋	有喷淋	无喷淋	有喷淋
6.0	12.2	5.2	17.6	7.8	15.0	7.0	30.1	9.3
7.0	13.9	6.3	19.6	9.1	16.8	8.2	32.8	10.8
8.0	15.8	7.4	21.8	10.6	18.9	9.6	35.4	12.4
9.0	17.8	8.7	24.2	12.2	21.1	11.1	38.5	14.2
自然排烟侧窗（口）部风速	0.94	0.64	1.06	0.78	1.01	0.74	1.26	0.84

注：① 建筑空间净高大于 9m 的，按 9m 取值；建筑空间净高位于表中两个高度之间的按线性插值法取值；表中建筑空间净高为 6m 处的各排烟量值为线性插值法的计算基准值。

② 当采用自然排烟方式时，储烟仓厚度应大于房间净高的 20%；排烟窗（口）面积＝计算排烟量/自然排烟窗（口）处风速；当采用顶开窗排烟时，其自然排烟（口）的风速可按侧窗（口）部风速的 1.4 倍计。

（2）当公共建筑仅需在走道或回廊设置排烟时，其机械排烟量不应小于 13000m³/h，或在走道两端（侧）均设置面积不小于 2m² 的自然排烟窗（口），且两侧自然排烟窗（口）的距离，不应小于走道长度的 2/3。

（3）当公共建筑房间内与走道或回廊均需设置排烟时，其走道或回廊的机械排烟量可按 60m³/（h·m²）计算，且不小于 13000m³/h；或设置有效面积不小于走道、回廊建筑面积 2% 的自然排烟窗口。

（4）当一个排烟系统负担多个防烟分区排烟时，其系统排烟量的计算应符合下列规定：

1）当系统负担具有相同净高场所时，对于建筑空间净高大于 6m 的场所，应按排烟量最大的一个防烟分区的排烟量计算；对于建筑空间净高 6m 及以下的场所，应按同一防火分区中任意两个相邻防烟分区的排烟量之和的最大值计算。

2）当系统负担具有不同净高场所时，应按上述方法对系统中每个场所所需的排烟量进行计算，并取其中的最大值作为系统排烟量。

（5）中庭排烟量的设计计算应符合下列规定：

1）中庭周围场所设有排烟系统时，中庭采用机械排烟系统的，应按周围场所防烟分区中最大排烟量的 2 倍数值计算，且不应小于 107000m³/h；中庭采用自然排烟系统时，应按上述排烟量和自然排烟窗口的风速不大于 0.5m/s，计算有效开窗面积。

2）当中庭周围场所不需设置排烟系统，仅在回廊设置排烟系统时，回廊的排烟量不应小于上述规定，中庭的排烟量不应小于 40000m³/h；中庭采用自然排烟系统时，应按上述排烟量和自然排烟窗口的风速不大于 0.4m/s 计算有效开窗面积。

（6）每个防烟分区排烟量公式计算：

排烟量的计算：

$$V = M_\rho T / \rho_0 T_0$$
$$T = T_0 + \Delta T \tag{3-6}$$

式中，V——排烟量（m³/h）；

ρ_0——环境温度下的气体密度（kg/m³），通常 $T_0 = 293.15$（K），$\rho_0 = 1.2$（kg/m³）；

T_0——环境的绝对温度；

T——烟层的平均绝对温度；

ΔT——烟层平均温度与环境平均温度的差（K），$\Delta T = KQ_c / (M_\rho C_\rho)$，其中 K 是指烟气中对流释放因子，采用机械排烟时，$K = 1.0$；当采用自然排烟时，$K = 0.5$。C_ρ 为空气的定压比热，一般取 1.01 [kJ/（kg·K）]；

M_ρ——烟羽流质量流量（kg/s）。

1）轴对称型烟羽流

当 $Z > Z_1$ 时，$M_\rho = 0.071 Q_c^{\frac{1}{3}} Z^{\frac{5}{3}} + 0.0018 Q_c$

当 $Z \leqslant Z_1$ 时，$M_\rho = 0.032 Q_c^{\frac{3}{5}} Z$

$$Z_1 = 0.166 Q_c^{\frac{2}{5}} \tag{3-7}$$

式中，Z——燃料面到烟层底部的高度（m），取值应大于或等于最小清晰高度与燃料面高度之差；

Z_1——火焰极限高度（m）；

Q_c——热释放速率的对流部分，一般取值为 $Q_c = 0.7Q$（kW）；

Q——火灾热释放速率可按公式 $Q = \alpha \cdot t^2$ 计算，α 为火灾增长系数（kW/s²）见表 3.8。Q 计算值不应小于表 3.9 规定。设置自动喷水灭火系统（简称喷淋）的场所，其室内净高大于 8m 时，应按无喷淋场所对待。

火灾增长系数

表 3.8

火灾类别	典型的可燃材料	火灾增长系数(kW/s²)
慢速火	硬木家具	0.00278
中速火	棉质、聚酯垫子	0.011
快速火	装满的邮件袋、木制货架托盘、泡沫塑料	0.044
超快速火	快速燃烧的装饰家具、轻质窗帘	0.178

火灾达到稳态时的热释放速率 Q（MW）　　　　　　表 3.9

建筑类别	喷淋设置	热释放速率	建筑类别	喷淋设置	热释放速率
办公室、教室、客房、走道	无	6.0	汽车库	无	3.0
	有	1.5		有	1.5
商店、展览馆	无	10.0	厂房	无	8.0
	有	3.0		有	2.5
其他公共场所	无	8.0	仓库	无	20.0
	有	2.5		有	4.0

2）阳台溢出型烟羽流

$$M_\rho = 0.36(QW^2)^{\frac{1}{3}}(Z_b + 0.25H_1)$$
$$W = \omega + b \tag{3-8}$$

式中，H_1——燃料面到阳台的高度（m）；

Z_b——从阳台下缘至烟层底部的高度（m）；

W——烟羽流的扩散高度（m）；

ω——火源区域的开口宽度（m）；

b——从开口到阳台边沿的距离（m）。

3）窗口型烟羽流

$$M_\rho = 0.68(A_w H_w^{\frac{1}{2}})^{\frac{1}{3}}(Z_w + \alpha_w)^{\frac{5}{3}} + 1.59 A_w H_w^{\frac{1}{2}}$$
$$\alpha_w = 2.4 A_w^{\frac{2}{5}} H_w^{\frac{1}{5}} - 2.1 H_w \tag{3-9}$$

式中，A_w——窗口开口的面积（m²）；

H_w——窗口开口的高度（m）；

Z_w——窗口开口的顶部到烟层底部的高度（m）；

α_w——窗口型烟羽流的修正系数。

3. 储烟仓厚度与清晰高度

储烟仓厚度的确定，对于排烟口（自然排烟口和机械排烟口）的设置具有至关重要的作用，排烟口必须设置在储烟仓内。

当采用自然排烟方式时，储烟仓的厚度不应小于空间净高的 20%，且不应小于 500mm；当采用机械排烟方式时，不应小于空间净高的 10%，且不应小于 500mm。同时储烟仓底部距地面的高度应大于安全疏散所需的最小清晰高度。

走道、室内空间净高不大于 3m 的区域，其最小清晰高度不应小于其净高的 1/2，其他区域的最小清晰高度应按下式计算：

$$H_q = 1.6 + 0.1 \cdot H' \tag{3-10}$$

式中，H'——对于单层空间，取排烟空间的建筑净高度（m）；对于多层空间，取最高疏散楼层的层高（m）。

4. 排烟口最大允许排烟量

机械排烟系统中，单个排烟口最大允许排烟量 V_{max}（m^3/s）宜按下式计算，或按《建筑防排烟系统技术标准》GB 51251—2017 附录 B 选取。

$$V_{max} = 4.16 \cdot \gamma \cdot d_b^{\frac{5}{2}} \left(\frac{T - T_0}{T_0} \right)^{\frac{1}{2}} \tag{3-11}$$

式中，γ——排烟位置系数，当风口中心点到最近墙体的距离大于或等于 2 倍的排烟口当量直径时，取 1.0；当风口中心点到最近墙体的距离小于 2 倍的排烟口当量直径，取 0.5；当吸入口位于墙体上，取 0.5；

d_b——排烟系统吸入口最低点之下烟气层厚度（m）。

5. 自然排烟窗（口）截面积

采用自然排烟方式所需自然排烟窗（口）截面积宜按下式计算：

$$A_v C_v = \frac{M_\rho}{\rho_0} \left[\frac{T^2 + (A_v C_v / A_0 C_0)^2 T T_0}{2 g d_b \Delta T T_0} \right]^{\frac{1}{2}} \tag{3-12}$$

式中，A_v——自然排烟窗（口）截面积（m^2）；

A_0——所有进气口的总面积（m^2）；

C_v——自然排烟窗（口）流量系数（通常选定在 0.5～0.7 之间）；

C_0——进气口流量系数（通常约为 0.6）；

g——重力加速度（m/s^2）。

6. 排烟系统计算案例

【案例】本案例图示如图 3.26 所示，每层建筑面积 2000m^2，均设自喷，一层为展览厅和会议厅，净高 7m；二层净高 6m；三层和四层均为办公场所，净高 5m；一层储烟仓厚度为 1m。

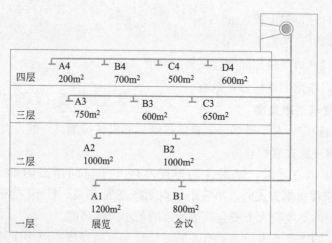

图 3.26 【案例】图示

【问题一】计算一层展览厅的排烟量

【解】（1）确定热释放速率（表 3.9）的对流部分 $Q_c = 0.7Q = 0.7 \times 3000 = 2100$kW。

（2）确定火焰极限高度 $Z_1 = 0.166 Q_c^{\frac{2}{5}} = 3.54 \text{m}$。

（3）确定燃料面距烟层底部的高度 $Z = 6 \text{m}$。

（4）确定轴对称型烟羽流质量流量 $M_\rho = 0.071 Q_c^{\frac{1}{3}} Z^{\frac{5}{3}} + 0.0018 Q_c = 21.91 \text{kg/s}$。

（5）计算烟气平均年温度和环境温度的差 $\Delta T = K Q_c / (M_\rho C_\rho) = 1.0 \times 2100 / (21.91 \times 1.01) = 94.9 \text{K}$。

（6）确定烟层的平均绝对温度 $T = T_0 + \Delta T = 293.15 + 94.9 = 388.05 \text{K}$。

（7）计算排烟量 $V(A_1) = M_\rho T / \rho_0 T_0 = 21.91 \times 388.05 / (1.2 \times 293.15) \times 3600 = 86645.6 \text{m}^3/\text{h}$。

由于计算值小于表 3.7 中的数值 $9.1 \times 10^4 \text{m}^3/\text{h}$，所以一层展览厅排烟量取值 $91000 \text{m}^3/\text{h}$。

【问题二】计算一层会议厅的排烟量

【解】计算方法同展览厅，计算排烟量为 $V(B_1) = 78332 \text{m}^3/\text{h}$。由于计算值小于表 3.7 中的数值 $8.2 \times 10^4 \text{m}^3/\text{h}$，所以一层商店排烟量取值 $82000 \text{m}^3/\text{h}$。

根据要求，当系统负担具有相同净高场所时，对于建筑空间净高大于 6m 的场所，应按排烟量最大的一个防烟分区的排烟量计算，所以一层排烟量取为 $91000 \text{m}^3/\text{h}$。

【问题三】计算二层～四层的排烟量。

【解】（1）二层室内净高 5m，建筑空间净高小于或等于 6m 的场所，其排烟量应按不小于 $60 \text{m}^3/(\text{h} \cdot \text{m}^2)$ 计算，且取值不小于 $15000 \text{m}^3/\text{h}$；

$V(A_2) = 60 \times 1000 = 60000 \text{m}^3/\text{h}$；$V(B_2) = 60000 \text{m}^3/\text{h}$。

当系统负担具有相同净高场所时，对于建筑空间净高 6m 及以下的场所，应按同一防火分区中任意两个相邻防烟分区的排烟量之和的最大值计算。所以二层排烟量为 $60000 + 60000 = 120000 \text{m}^3/\text{h}$。

（2）三层室内净高 5m，建筑空间净高小于或等于 6m 的场所，其排烟量应按不小于 $60 \text{m}^3/(\text{h} \cdot \text{m}^2)$ 计算，且取值不小于 $15000 \text{m}^3/\text{h}$；

$V(A_3) = 45000 \text{m}^3/\text{h}$；$V(B_3) = 36000 \text{m}^3/\text{h}$；$V(C_3) = 39000 \text{m}^3/\text{h}$。

当系统负担具有相同净高场所时，对于建筑空间净高 6m 及以下的场所，应按同一防火分区中任意两个相邻防烟分区的排烟量之和的最大值计算。所以三层排烟量为 $V(A_3) + V(B_3) = 45000 + 36000 = 81000 \text{m}^3/\text{h}$。

（3）同理计算四层排烟量为 $V(B_4) + V(C_4) = 72000 \text{m}^3/\text{h}$。

（4）对于该楼，比较一～四层各层的排烟量，由于二层 $120000 \text{m}^3/\text{h}$ 为最大排烟量，因此取 $120000 \text{m}^3/\text{h}$。计算结果见表 3.10。

【案例】计算结果　　　　　　　　　　　　　　　　　　　表 3.10

管段间	担负防烟区	排烟量（m^3/h）
A1-B1	A1	计算值小于表中值，按表，取 91000
B1-J	A1,B1	计算值小于表中值，按表，取 91000（一层最大）
A2-B2	A2	$1000 \times 60 = 60000$

89

续表

管段间	担负防烟区	排烟量(m³/h)
B2-J	A2,B2	(1000+1000)×60=120000(二层最大)
J-K	A1,B1,A2,B2	120000(一、二层最大)
A3-B3	A3	750×60=45000>15000
B3-C3	A3,B3	(750+600)×60=81000
C3-K	A3,B3,C3	(750+600)×60>(600+650)×60,取81000(三层最大)
K-L	A1,B1,A2,B2,A3,B3,C3	120000(一、二、三层最大)
A4-B4	A4	200×60=12000<15000,取15000
B4-C4	A4,B4	15000+700×60=57000
C4-D4	A4,B4,C4	(700+500)×60=72000>57000,取72000
D4-L	A4,B4,C4,D4	(700+500)×60>(500+600)×60>57000,取72000
L-M	全部	120000(一、二、三、四层最大)

课后作业 🔍

一、预习作业（想一想）

1. 发生火灾时，应该如何逃生？

2. 火灾中主要的致死因素是什么？

3. 为了在火灾发生后，尽可能争取更多的逃生时间，在逃生通道中可以采取什么样的措施？

二、基本作业（做一做）

1. 整理本次课程的课堂笔记。

2. 安装在排烟系统管道上的排烟防火阀，平时呈关闭状态，发生火灾时开启，当管内烟气温度达到（　　）℃时自动关闭。

A. 70　　　　　　B. 100　　　　　　C. 160　　　　　　D. 280

3. 建筑内发生火灾时，烟气的危害非常大，故设置排烟系统非常有必要，其中高层建筑一般多采用（　　）方式。

A. 自然排烟　　B. 机械排烟　　　C. 自燃通风　　　D. 机械送风

4. 机械加压送风的防烟楼梯间与走道之间的余压应为（　　）Pa。

A. 20～30　　　B. 30～40　　　　C. 40～50　　　　D. 50～60

5. 建筑高度为50m的某公共建筑防排烟系统，设计要求正确的是（　　）？

A. 同一楼层中，一个排机械排烟系统不允许负担多个防烟分区

B. 非金属排烟管道允许漏风量应按高压系统要求

C. 防烟楼梯间正压送风宜隔层设置一个常闭风口

D. 采用敞开凹廊的前室，其防烟楼梯间可不另设防烟措施

6. 设有消防控制室的地下室采用机械排烟，三个防烟分区共用一个排烟系统。关于其工作程序，下列（　　）是错误的。

A. 接到火灾报警信号后，由控制室开启有关排烟口，联动活动挡烟垂壁动作，开启排烟风机

B. 排烟风机开启时，应同时联动关闭地下室通风空调系统的送排风机

C. 三个防烟分区的排烟口应同时全部打开

D. 通风空调管道内防火阀的熔断信号，可不要求与通风空调系统的送、排风机连锁控制

7. 下列（　　）阀门风口动作时，一般不需要连锁有关风机启动或停止？

A. 排烟风机入口的 280℃排烟防火阀

B. 防烟楼梯间前室常闭的加压送风口

C. 各防烟分区的排烟口

D. 穿越空调机房的空调进风管上的 70℃防火阀

8. 下列场所应设置排烟设施的应是（　　）？

A. 设在三层建筑面积 80m² 的 KTV

B. 长度 15m 的疏散走道

C. 地上 30m² 的无窗办公室

D. 地下二层建筑面积为 3900m² 的机动车库

9. 下列关于防火阀的性能和用途说法错误的是（　　）？

A. 加压送风口可设 280℃熔断器关闭装置，输出电信号联动风机开启

B. 防火类防火阀采用 70℃温度熔断器自动关闭

C. 防烟防火阀靠感烟火灾探测器控制动作，用于防烟时电信号通过电磁铁关闭，用于防火时 70℃温度熔断器关闭

D. 排烟防火阀采用 280℃温度熔断器关闭

10. （多选）设有火灾自动报警系统和消防控制室的建筑内，人员通过现场远程控制装置开启房间的排烟口后，一些设备或阀门应进行联锁动作，下列（　　）连锁是正确的？

A. 与排烟风口对应的排烟系统的排烟风机

B. 空调风管穿越空调机房，隔墙处的 70℃防火阀

C. 排烟风机入口处 280℃排烟防火阀

D. 发生火灾的防烟分区内的其他通风机

E. 气体灭火房间的事故后排风机

11. （多选）下面有关通风系统的防火阀设置说法错误的是（　　）。

A. 穿越变形缝处应设置防火阀

B. 穿越空气调节机房的楼板处应设防火阀

C. 每个防火分区通风空调系统独立设置时，水平风管与竖向总管交接处可不设置防火阀

D. 公共建筑内厨房的通风管道上设置的防火阀公称动作温度为 150℃

E. 穿越重要房间处应设置防火阀

12. （多选）火灾情况下通常涉及的烟羽流形式包括（　　）烟羽流。

A. 轴对称型　　　　B. 房门型　　　　C. 窗口型　　　　D. 阳台溢出型

E. 房间型

13.（多选）在不具备自然排烟条件时，机械排烟系统能将火灾中建筑房间、走道中的烟气和热量排出建筑，其中机械排烟系统是由（　　）等组成。

A. 挡烟垂壁　　　　B. 防火阀　　　　C. 排烟道　　　　D. 送风机

E. 排烟出口

14. 某公共建筑走道需设机械排烟，走道净高5m，面积60m²，求机械排烟量为多少？

三、提升作业（选做）

如图3.27所示：一层净高7.5m，二～三层净高5.5m，求该排烟系统排烟量（假设一层储烟仓厚度为1m，即燃料面到烟层底部高度为6.5m）。

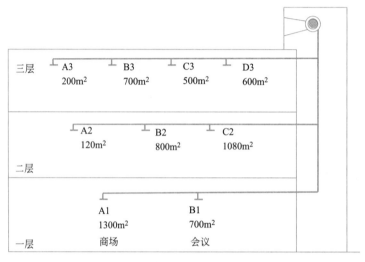

图3.27　图示

任务3.4　建筑防排烟系统工程实例图纸识读

教学目标

1. 认知目标

① 了解防排烟系统施工的相关要求；

② 了解防排烟系统控制要求；

③ 掌握防排烟图纸的识读方法。

2. 能力目标

能够识读防排烟施工图。

3. 情感培养目标

通过理解和掌握防排烟系统施工过程和工作过程，进一步了解建筑消防，了解现代建筑消防的重要性。

4. 情感培养目标融入

在讲解图纸的过程中，结合规范以及工程实际，引导学生养成严格遵守规范的职业素质，同时培养学生严谨细致的工作作风，为将来工作打好坚实基础。

教学难点

本内容涉及防排烟系统施工图识读、设备安装及自动控制，相对较难。在识读图纸时，可结合暖通BIM模型教学，更加直观地体现管道、设备布置，增强学习效果。

请仔细阅读案例项目的设计及施工说明。从该说明中，提炼分析防排烟工程在设计施工中应该注意的问题。从而掌握防排烟系统的设计和施工过程，掌握防排烟系统的工作过程。

3.4.1　防排烟图纸设计说明（含连锁控制）

1. 设计依据

（1）《建筑设计防火规范（2018年版）》GB 50016—2014。

（2）《建筑防烟排烟系统技术标准》GB 51251—2017。

（3）《通风与空调工程施工质量验收规范》GB 50243—2016。

（4）《通风与空调工程施工规范》GB 50738—2011。

（5）《建筑机电工程抗震设计规范》GB 50981—2014。

（6）《建筑机电设备抗震支吊架通用技术条件》CJ/T 476—2015。

（7）《公共建筑节能设计标准》GB 50189—2015。

（8）甲方关于设计细则的文件。

2. 工程概况

本工程为浙江某项目厂房，该建筑为丙类厂房工业建筑，地下一层，地上四层，耐火等级为一级，框架结构，建筑物抗震设计烈度为7度，建筑物抗震设防类型为标准设防类。F1栋四层建筑高度为23.40m，建筑面积58762.18m²，占地面积20001.97m²，建筑体积大于5万m³。

3. 设计范围

本工程通风排烟系统设计。

4. 排烟系统设计

（1）本项目的下列场所或部位设置防烟设施：

1）人员或可燃物较多的丙类生产场所，丙类厂房内建筑面积大于 $300m^2$ 的地上房间且经常有人停留的或可燃物较多的地上房间；

2）厂房（仓库）内长度大于 40m 的疏散走道；

3）地上建筑内面积大于 $50m^2$ 且经常有人停留或可燃物较多的无外窗房间；

4）建筑面积大于 $1000m^2$ 地下停车场。

（2）自然通风排烟设施的建筑要求：

1）封闭楼梯、防烟楼梯在楼梯的最高部位设置大于 $1.0m^2$ 的可开启的外窗或开口；

2）当建筑高度＞10m 时，采用自然通风的楼梯外墙上，每 5 层内设置总面积大于 $2.0m^2$ 的可开启的外窗或开口，且布置间隔不大于 3 层；

3）除中庭外，建筑空间净高小于或等于 6.0m 的场所，设置有效面积大于该房间建筑面积 2％的自然排烟窗（口）；

4）自然排烟窗（口）设置手动开启装置，当设置在高处，不方便直接开启的自然排烟窗（口），在距地面高度 1.3～1.5m 的位置设置手动开启装置。

（3）机械排烟系统设计：

1）公共建筑净空高度大于 6m 的场所，其每个防烟分区排烟量按场所的热释放速率按规范《建筑防烟排烟系统技术标准》GB 51251—2017 相关内容计算确定，且不小于表 3.7 的数值。设置自然排烟窗（口）根据表 3.7 及自然排烟窗（口）风速确定。

2）除中庭外，建筑净空高度小于等于 6m 的场所，排烟量按不少于 $60m^3/（h·m^2）$ 且取值大于 $15000m^3/h$，或设置有效面积大于该房间建筑面积的 2％的自然排烟口。

3）当一个排烟系统担负多个防烟分区排烟时，当系统负担具有相同净高场所时，对于建筑空间净高大于 6m 的场所，应按排烟量最大的一个防烟分区的排烟量计算；对于建筑空间净高为 6m 及以下的场所，应按同一防火分区中任意两个相邻防烟分区的排烟量之和的最大值计算。当系统负担具有不同净高场所时，对系统中每个场所所需的排烟量进行计算，并取其中的最大值作为系统排烟量。

4）地下车库每个防火分区按不大于 $2000m^2$ 划分防烟分区，排烟系统按照防烟分区设置。每个防烟分区的设计排烟量不小于 $33000m^3/h$；并设置诱导风机系统，有效地诱导周围静止的空气，带动空气流通。火灾时排烟的风机兼平时排风，利用采光洞（口）或车道镂空卷门自然补风。

5）消防排烟风机，加压风机及消防补风风机设置在专用的机房内。

6）除地上建筑的走道或建筑面积小于 $500m^2$ 的房间外，当房间设置排烟系统且无自然补风条件时均设置机械补风系统。补风直接从室外引入空气，且补风量大于排烟量的 50％，机械补风口的风速不大于 10m/s，人员密集场所的不大于 5m/s，自然补风口风速不大于 3m/s。消防补风机设置在专用的机房内。

7）排烟口设置在储烟仓内，并靠近吊顶或楼板，排烟口距安全出口的水平间距不小于 1.5m。

（4）设置机械排烟系统建筑开窗要求：

1）本栋厂房设置机械排烟系统时，依照《建筑防烟排烟系统技术标准》GB 51251—

2017 在外墙或屋顶设置固定窗并符合以下要求：

① 非顶层区域的固定窗布置在每层的外墙。

② 顶层区域的固定窗布置在屋顶或顶层的外墙上，但未设置自动喷水灭火系统及采用钢结构屋顶或预应力钢筋混凝土屋面板的建筑设置在屋面。

2) 固定窗的设置和有效面积应符合下列规定：

① 设置在外墙且不位于顶层区域的固定窗，单个固定窗的面积小于 $1m^2$，且间距小于 20m，其下缘距室内地面的高度大于层高 1/2。消防救援窗口不计入固定窗。

② 固定窗的玻璃均采用可破拆的玻璃；带有温控功能的可开启的设施按开启时的水平投影面积计算。

5. 防排烟控制系统说明

本系统配合火灾自动报警系统完成火灾状态下的机械排烟、防烟。防排烟自控系统集中在消防控制室，机房内设控制柜、联锁柜以及运行监视控制屏，分别监控送排烟风机的运行，消防控制设备应显示防烟系统的送风机、阀门等设施启闭状态。

排烟系统控制说明：

(1) 排烟风机、补风机的控制方式，应符合下列要求：

1) 现场手动启动。

2) 消防控制室手动启动。

3) 火灾自动报警系统自动启动。

4) 系统中任一排烟阀或排烟口开启时，排烟风机、补风机自动启动。

5) 排烟风机应满足 280℃时连续工作 30min 的要求，排烟风机应与风机入口处的排烟防火阀连锁，当该阀关闭时，排烟风机应能停止运转。

(2) 当火灾确认后，担负两个及以上防烟分区的排烟系统，应仅打开着火防烟分区的排烟阀或排烟口，其他防烟分区的排烟阀或排烟口应呈关闭状态。

(3) 机械排烟系统中的常闭排烟阀或排烟口应具有火灾自动报警系统自动开启、消防控制室手动开启和现场手动开启功能，其开启信号应与排烟风机联动。当火灾确认后，火灾自动报警系统应在 15s 内联动开启同一排烟区域的全部排烟阀、排烟口、排烟风机和补风设施，并应在 30s 内自动关闭与排烟无关的通风、空调系统。

(4) 活动挡烟垂壁应具有火灾自动报警系统自动启动和现场手动启动功能，当火灾确认后，火灾自动报警系统应在 15s 内联动同一排烟区域的全部活动挡烟垂壁，并在 60s 内挡烟垂壁开启到位。

(5) 常闭的排烟阀（口）及活动的挡烟垂壁设置手动操作装置，并安装在地面高度 1.3～1.5m 的明显可见的位置。

(6) 自然排烟窗应具有现场集中手动开启、现场手动开启和温控释放开启功能。当采用与火灾自动报警系统自动启动，自然排烟窗应在 60s 内或小于烟气充满储烟仓时间内开启完毕。带温控释放开启功能的自然排烟窗，其动作温度大于环境温度 30℃，且小于 100℃。

6. 管道材料

(1) 空调通风及消防排烟管道一律采用镀锌钢板制作，室内防排烟系统全部采用玻璃棉金属复合排烟管道，钢板厚度见表 3.11。

钢板厚度

表 3.11

矩形边长/圆形风管直径 b(mm)	钢板厚度(mm)	钢板厚度(mm)
$b \leqslant 450$	0.6	
$450 < b \leqslant 1000$	0.8	1.5
$1000 < b \leqslant 1500$	1.0	
$b > 1500$	1.2	1.5

(2) 消防系统风管角钢法兰连接,一般通风空调系统风管采用共板或角钢法兰连接,法兰连接处的垫片采用不燃密封胶垫。

7. 设备管道保温

室内防排烟风管(含加压及补风管)采用镀锌铁皮,再包一层 50mm 厚的 64K 带铝箔(F50)贴面的玻璃棉保温,24℃玻璃棉保温材料均导热系数≤0.033W/(m·K)。

8. 消声隔震及环保

风机等设备必须采用弹簧避震器减震,管道与设备连接处采用隔震软接头,消防用风机除外。

9. 吊支架

(1) 所有水平或垂直的风管,须设置必要的支架、吊架或托架,其构造形式由安装单位在保证牢固、可靠的原则下,根据现场情况确定,具体做法参照 K1(下)-08K132 施工。吊杆采用 L 40×4 的角钢,风管吊架间距:水平安装时长边或直径≤400mm 吊架间距 4.0m;长边或直径大于 400mm 吊架间距 3.0m;垂直安装时,间距不大于 4m。机电管道明装时要求吊杆整齐统一保持美观。防火阀、消声器需单独设吊点。

(2) 风管支吊架不应设在风口处或阀门、检查门和自控机构的操作部位,距离风口或插接管不宜小于 200mm。矩形风管立面与吊杆的间隙不宜大于 150mm,吊杆距风管末端不应大于 1000mm。

(3) 水平悬吊的风管长度超过 20m 的系统,应设置不少于 1 个防止风管摆动的固定支架。

(4) 支撑保温风管的横担应设在风管保温层的外部,且不得损坏保温层,横担与保温层之间设厚 1.2mm 宽为 150mm 镀锌钢板,经 90°折弯后(水平方向长 150mm,垂直方向高 80mm)做垫片。

10. 抗震设计

抗震设计要求:根据《建筑抗震设计规范(2024 年版)》GB 50011—2010 和《建筑机电工程抗震设计规范》GB 50981—2014 中对机电管线系统进行抗震设计。防排烟风道、事故通风风道及相关设备采用抗震支架,其做法如图 3.28 所示。

11. 风管的设置和耐火极限要求

(1) 机械排烟系统

1) 机械排烟系统采用管道排烟,不得采用土建风道。排烟管采用不燃材料制作且内壁光滑。

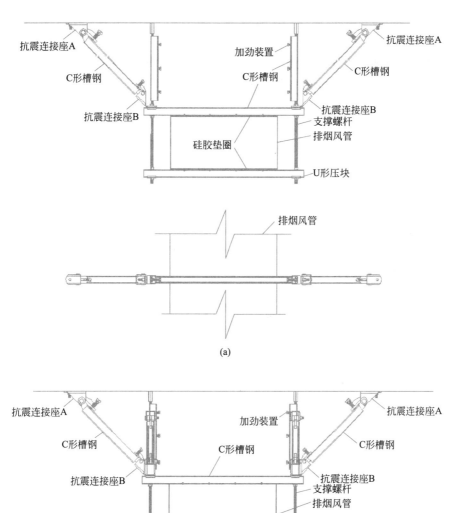

(a)

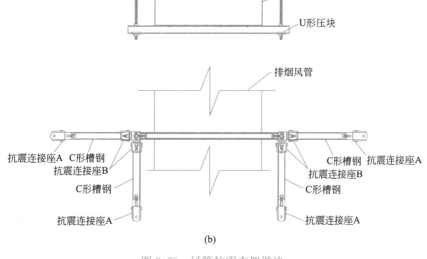

(b)

图 3.28　风管抗震支架做法

（a）排烟风管双侧向支撑；（b）排烟风管双向支撑

2）竖向设置的排烟管设置在独立管井内的排烟管采用耐火极限不少于 0.5h 的材料制作。

3）水平设置的排烟管，当设置在吊顶内时，其耐火极限不低于 0.5h，当有困难时，可直接设置在室内，其管道的耐火极限不低于 1.0h。

4）设置在走道部位吊顶内的排烟管道以及穿越防火分区的排烟管道，其耐火极限不低于 1.0h，设备房和汽车库的排烟管道耐火极限可不低于 0.5h。

5）机械排烟系统应采用管道排烟，且不应采用土建风道。排烟管道应采用不燃材料制作且内壁应光滑。当排烟管道内壁为金属时，管道设计风速不应大于 20m/s。

6）当吊顶内有可燃物时，吊顶内的排烟管道应采用不燃材料进行隔热，并应与可燃物保持不小于 150mm 的距离。

（2）防火、防烟要求

1）排烟管以下部分设置 280℃ 排烟防火阀：①垂直风管与每层水平风管交接的水平管道段上；②一个排烟系统负担多个分区的排烟支管上；③排烟风机出入口；④穿越防火分区或防火墙处。

2）通风、空气调节系统的风管以下部位设置 70℃ 的防火阀：①穿越防火分区处；②穿越通风、空气调节机房的房间隔墙和楼板处；③穿越重要或火灾危险性大的场所的房间隔墙和楼板处；④穿越防火分隔处的变形缝两侧；⑤竖向风管与每层水平风管交接处的水平管段上。

3）防烟与排烟系统中的管道、风口及阀门等必须采用不燃材料制作。在风管穿过需要封闭的防火、防爆的墙体或楼板时，应设预埋管或防护套管，其钢板厚度不应小于 1.6mm，管与防护套管之间，用不燃且对人体无危害的柔性防火材料将周围的空隙紧密封堵，并位于防火墙两侧各 2m 的范围内的风管的绝热材料为不燃材料。

4）防火分区隔墙两侧的防火阀，距墙表面不大于 200mm。

5）室内所有排烟及消防补风管道设置隔热层，隔热层为 50mm 厚的 64K 带铝箔（F50）贴面的玻璃棉保温，并应与可燃物保持不小于 150mm 的距离；排烟口与附近安全出口沿走道方向相邻边缘之间的最小水平距离不应小于 1.5m。

12. 设备说明及安装

（1）消防设备均应有装箱清单、设备说明书、产品质量合格证和产品性能检测报告等随机文件，符合有关消防产品的规定，有相应的产品合格证明文件，进口设备还应有商检合格文件。所有排烟风机、管道、配件均采用不燃材料制作，并要求在 280℃ 能正常运行 30min 以上。所有材料均需有消防产品许可证，属于强制 3CF 认证的消防产品范畴内的，必须获得强制性产品认证证书和标注强制性产品认证标志。

（2）防排烟风机安装参照图集《防排烟系统设备及附件选用及安装》07K103—2，通风机传动装置的外露部位以及直通大气的进出风口，必须装设防护罩、防护网或采取其他安全防护措施。皮带传动的离心式风机应装皮带防护罩，设在室外通风机，其电动机必须设防雨罩，屋面防排烟设备及管道设置挡雨设施。

（3）消防设备至各自的安装地点应设有足够大的搬运通道，通道上的结构强度应能满足搬运设备的要求；所有设备基础待设备订货核对尺寸后再施工。

（4）风机软接头：风机与风管的连接采用法兰连接，或采用不燃的防火柔性软接头，当风机仅用于防烟、排烟系统时，不宜采用柔性软接头；消防用风管弯头连接处必须设置导流装置。

（5）防排烟系统风机均设置风机房，风机房采用耐火极限不低于 2.0h 的防火隔墙和 1.5h 的楼板与其他部位分隔，门应采用甲级防火门。

13. 施工设计说明

（1）图中所注平面尺寸以"mm"计，标高以"m"计；矩形风管标高指管底（注明者除外），圆形风管标高指管中，水管标高指管中。图中所注标高均为相对于相应层地面的相对标高。

（2）风管、水管采用吊装，竖井内水管采用支架固定。当保温风管长边长＞800mm，不保温风管边长＞630mm，且风管长度＞1250mm 时，应采用角钢加固。

（3）砖砌水管井应先安装水管后砌墙。新风井也先装风管后砌隔墙。

（4）通风、空调机组进出口相连处，应设置长度为 150mm 的软接头，软接头用不燃材料制作，安装时软接管应绷紧；软接管的接口应牢固、严密。风管上的可拆卸口，不得设置在墙体或楼板内。排烟机组进出口相连处，应设置长度为 150mm 的软接头，软接头用不燃材料制作，保证软管能在 280℃条件下连续工作 30min 以上。施工方应根据调试的要求在适当的部位设置测量孔，测量孔的具体做法参见《风管测量孔和检查门》06K131。

（5）风管、水管的支、吊或托架应设置于保温层的外部，不得损坏保温层，并在支吊托架与管道间镶以垫木，垫木的厚度同保温层厚度。防火阀须单独配置支吊架，安装调节阀、蝶阀、防火阀等调节配件时必须注意将操作手柄配置在便于操作部位。风机盘管及各类阀门等下部的吊顶上应预留设备检修孔。

（6）所有室内吊架/支撑架需使用热镀锌角钢或热镀锌槽钢；当风管、金属支架镀锌层破损时，在表面除锈后，刷防锈底漆和色漆；室外支吊架需使用不锈钢材质。建筑结构体为钢结构时，暖通设备（含风管及挡烟垂壁）支吊架固定时不得焊接，必须采用夹具固定。

（7）风管穿变形缝处，应设置长度为 150mm 的软接，软接用不燃材料制作。穿过防火墙和变形缝的风管两侧各 2.00m 范围内应采用不燃烧材料及其胶粘剂。常闭排烟口（阀）手动开关，距地面 1.5m 安装，每只开关控制一只排烟口（阀）。

（8）各种管道穿墙和楼板的预留孔洞或预埋件以及设备的安装孔等施工中应与土建密切配合，不得遗漏，并认真核对其位置、数量和尺寸。所有设备基础必须待设备到货后，核对其地脚螺栓尺寸和基础尺寸无误，方可施工。

（9）防烟、排烟、供暖、通风和空气调节系统中的管道，在穿越隔墙、楼板及防火分区处的缝隙应采用防火封堵材料封堵。

（10）各类建筑管井无管线穿越（或镂空）部分需采用钢板进行防火封堵。

（11）所有室外设备（如风机）外壳，支吊架及螺栓（含设备用）等紧固件均应采用不锈钢材质。

（12）送排风系统出屋面风管应设置泄水坡度，坡向室外，风机排出/吸入口需设 45°防雨弯头。

（13）所有设备选用电机能效指标不得低于国家最新规定的电机效率值 2 级标准，并符合《电动机能效限定值及能效等级》GB 18613—2020 相关规定，搭配变频器使用者须为变频专用电机。

（14）消防系统排烟/补风/加压风口材质为铝合金；空调通风系统未作特别说明时，送风口材质为 ABS（热塑型高分子材料），回风口、排风口及外墙防雨百叶为铝合金材质。

14. 验收说明

（1）防排烟通风工程安装完毕，与工程有关的火灾自动报警系统及联动控制设备调试合格后，必须进行系统的测定和调整，系统调试应包括设备单机试运转及调试和系统联动联合试运转及调试。

（2）防排烟系统联合试运行与调试的结果（风量及正压），必须符合设计与消防的规定。

（3）风管系统的主干支管应设置风管测定孔，风管检查孔和清洗孔。

（4）系统竣工后，应进行工程验收，验收不合格不得投入使用。

（5）其他未说明，按照规范《建筑防烟排烟系统技术标准》GB 51251—2017 有关系统调试、验收内容执行。

15. 其他

（1）由于本工程管线繁多，系统复杂，施工时应注意协调各专业的管线，尽量避免管线打架，当不可避免时，应按"小管让大管，有压管让无压管"的原则避让。

（2）在安装系统的防火阀时，应先校核防火阀的关闭（熔断）温度（送、排风系统70℃关闭，排烟系统280℃关闭），防火阀应顺气流方向安装，用单独吊架，并紧靠防火墙，对不能靠近防火墙的，应将防火阀至防火墙的风管涂防火涂料。

（3）防烟、排烟系统中的送排风口、防火阀、送风机、排烟风机、固定窗等设置明显的永久标识。

（4）所有送排风口均带风量调节阀，保证系统风量平衡。

（5）各系统钢板风道在运行前，应进行分段清扫，清扫干净后方可开机运行。

（6）在施工时，如果出现实际情况与设计不相符或出现无法按设计图纸施工时，应与设计单位有关人员及时协商，经设计单位同意后方可修改设计。

（7）本工程应报消防主管部门审核同意后方可进行施工。

（8）本工程设计未尽之处，参照国家有关标准、规范、图集施工并验收。

16. 图例及说明

（1）图例

本项目图例见表 3.12。

本项目图例　　　　　　　表 3.12

图例	说明	图例	说明
	室外机		室内柜机
	箱型风机		吸顶换气扇
500×300	风管尺寸（宽×高）		软流壁扇

续表

图例	说明	图例	说明
280℃ 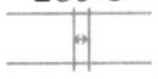	280℃常开排烟防火阀		风管立管
70℃ 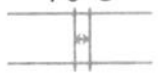	70℃常开防火阀		带导流片弯头
	常用排烟阀		45°防雨弯头(附不锈钢防虫网)
N.R.D 	止回风阀		常用多叶风口
C	常用排口(阀)远程开启复位装置		百叶风口
	单层活动百叶风口		不锈钢防雨帽(带防虫网)
	侧装风口		手动对开多叶调节阀
	不燃柔性软接		冷凝水管
	冷媒管		消声器 消声值:15dB(A)

（2）说明

本项目说明见表3.13。

本项目说明   表3.13

符号	说明	符号	说明
NTS	无比例	FL	管道(风管,水管)相对室内地坪底标高
CL	管道(风管,水管)中心标高		

3.4.2 防排烟施工图图纸识读

以该项目一层防火分区二排烟平面图，屋面机房及排烟系统（图3.29～图3.31）为例讲述防排烟系统构成。

由图中可以看出E楼梯（地上）防烟形式为自然通风，每五层设置不小于2m² 可开启外窗，间隔不大于三层，最高部位设置不小于1m² 可开启外窗。

该防火分区具有两个防烟分区，防烟分区R1-11/12-101，面积分别为978m²。防烟分区R1-11/12-102，面积1102m²。系统风机编号分别为PY-R1-11（风量：67000CMH，机外静压：1000Pa，功率：37kW）和PY-R1-12（风量：50000CMH，机外静压：850Pa，功率：22kW）。其空间无密封吊顶，净高均6.35m，防烟分区长边长度均37.5m，均设置

101

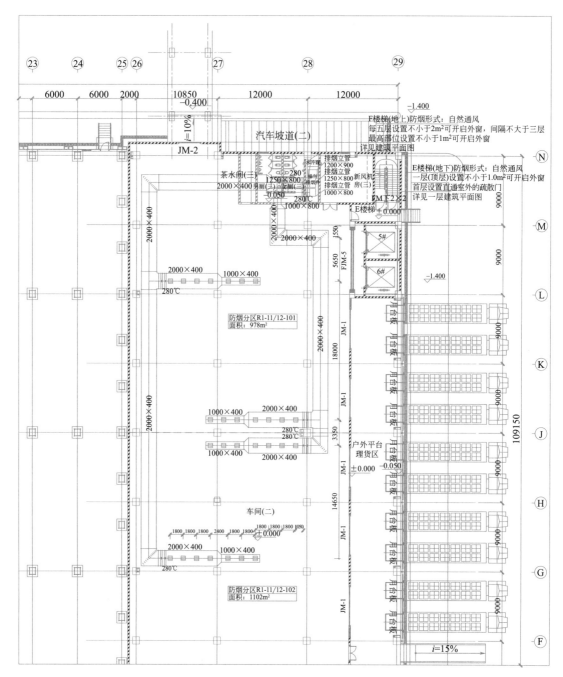

图 3.29　一层防火分区二排烟平面图

自动喷淋系统。设计的最小清晰高度均为 2.235m。设置了机械排烟系统，补风方式为自然补风，补风口位置设置在储烟仓以下

看 PY-R1-11 系统，Ⓖ轴与㉖轴的排烟支管上有 7 个排烟口；Ⓛ轴与㉖轴的排烟支管上有 7 个排烟口；为铝合金百叶排烟口，规格 600mm×600mm（排烟口最大允许排烟量 8100CMH，实际排烟量 5857CMH）。分别接入 2000mm×400mm 的排烟横管，在Ⓜ、Ⓝ

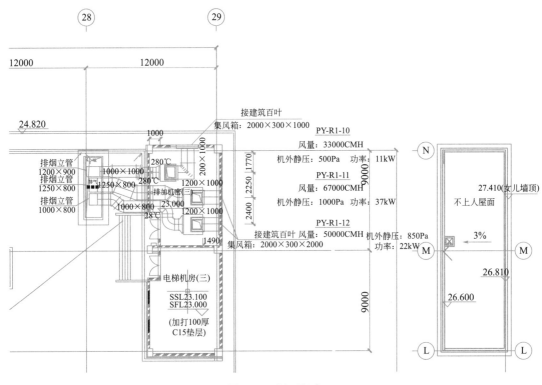

图 3.30　屋面机房

轴之间与㉘、㉙轴之间变径为 1250mm×800mm，通过 280℃排烟防火阀接入 1250mm×800mm 的排烟立管。该排烟立管同时接入二、三、四层排烟横管升至屋面通过 280℃排烟防火阀至排烟机房排烟风机，最后通过 1200mm×1000mm 烟管通向室外。

3.4.3　防排烟系统施工

1. 风管安装要求

当风管采用金属风管且设计无要求时，钢板或镀锌钢板的厚度应符合国家相关规定。排烟风管的隔热层应采用厚度不小于 40mm 的，不燃绝热材料、绝热材料的施工及风管加固。导流片的设置应按照《通风与空调工程施工质量验收规范》GB 50243—2016 的有关规定执行。

非金属风管的材料品种、规格、性能与厚度的应符合设计和现行国家产品标准的规定。无机玻璃钢风管的玻璃布必须无碱或中碱，层数应符合《通风与空调工程施工质量验收规范》GB 50243—2016 的规定，风管的表面不得出现泛卤或严重泛霜。

风管的强度要符合《通风管道技术规程》JGJ/T 141—2017 规定。金属矩形风管的允许漏风量 [m³/（h·m²）] 应符合下列规定：

低压系统风管：$Q_D = 0.1056P^{0.65}$。

中压系统风管：$Q_M = 0.0352P^{0.65}$。 　　　　　　　　　　　　　　　　　　　（3-13）

高压系统风管：$Q_H = 0.0117P^{0.65}$。

式中，P——风管的设计工作压力。

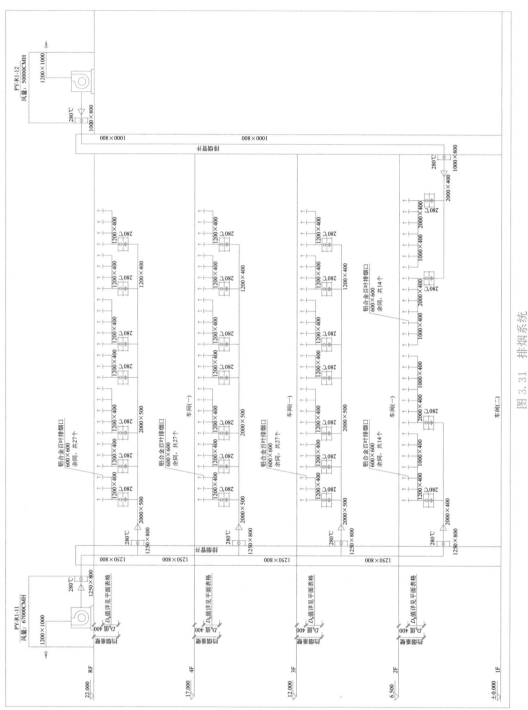

图 3.31 排烟系统

金属圆形风管、非金属风管允许漏风量应为金属矩形风管的允许漏风量规定值的50%。

排烟风管采用镀锌钢板时，板材的最小厚度可按高压系统选定。排烟系统的允许漏风量按中压系统风管确定。

风管接口的连接处应严密牢固，垫片厚度不应小于3mm，不应突入管内和法兰外，排烟风管法兰垫片应为不燃材料。薄钢板法兰风管应采用螺栓连接。风管与风机的连接，宜采用法兰连接或采用不燃材料的柔性短管连接；当风机仅用于防烟和排烟时，不宜采用柔性连接。风管与风机连接处若有转弯时，宜加装导流叶片，保证气流顺畅。当风管穿越隔墙或楼板时，风管与隔墙之间的空隙，应采用水泥砂浆等不燃材料严密填塞。

2. 风机、阀门、风口等安装要求

风机应设在混凝土或钢架基础上，且不应设置减震装置。若排烟风机与通风空调系统共用且需要设置减震装置时，不应使用橡胶减震装置。吊装风机的支吊架应焊接牢固，安装可靠；风机驱动装置的外露部位应装设防护罩；直通大气的进出风口，应装设防护网或采取其他安全设施，并应设防雨措施。

排烟防火阀的型号、规格及安装的方向、位置应符合设计的要求，阀门应顺气流方向关闭，防火分区，隔墙两侧的排烟防火阀距墙端面不应大于200mm。

送风口、排烟阀或排烟口的安装位置应符合标准和设计要求，并应牢固、可靠。排烟口距可燃物或可燃构件的距离不应小于1.5m。常闭送风口、排烟阀或排烟口的手动驱动装置应固定安装在明显可见、距楼地面1.3～1.5m且便于操作的位置。

3.4.4 防排烟系统控制

1. 防烟系统控制

当防火分区的火灾确认后，能在15s内联动开启常闭加压送风口和加压送风机，同时应能开启该防火分区楼梯间的全部加压送风机、着火层及相邻上下层前室及合用前室的常闭送风口和加压送风机。要求加送风机应能够现场手动启动，通过火灾自动报警系统自动启动，消防控制室手动启动，系统中任意常闭加压送风口开启时，加压风机应能自动启动。

2. 排烟系统控制

当火灾确认后，火灾自动报警系统应在15s内联动并仅打开着火防烟分区的全部排烟阀、排烟口、排烟风机和补风设施，并应在30s内自动关闭与排烟无关的通风、空调系统；其他防烟分区的排烟阀或排烟口应呈关闭状态。常闭排烟阀或排烟口应具有火灾自动报警系统自动开启、消防控制室手动开启和现场手动开启功能，其开启信号应与排烟风机联动。

排烟风机、补风机应能够：（1）现场手动启动；（2）消防控制室手动启动；（3）火灾自动报警系统自动启动；（4）系统中任一排烟阀或排烟口开启时，排烟风机、补风机自动启动；（5）排烟风机应满足280℃时连续工作30min的要求，排烟风机应与风机入口处的排烟防火阀连锁，当该阀关闭时，排烟风机应能停止运转。

活动挡烟垂壁应具有火灾自动报警系统自动启动和现场手动启动功能，当火灾确认后，火灾自动报警系统应在15s内联动同一排烟区域的全部活动挡烟垂壁，并在60s内挡烟垂壁开启到位。

课后作业

一、预习作业（想一想）

1. 掌握防烟系统与排烟系统的基本工作原理。

2. 了解防排烟系统的相关设备。

二、基本作业（做一做）

1. 整理本次课程的笔记。

2. 仔细阅读防排烟设计说明。

3. 参见附件中电子版图纸，以 3 层为例进行图纸识图训练：

（1）该层有_____个防火分区，面积_____。有_____个防烟分区。

（2）见防烟分区 R1-03-313，面积_____。有_____个排烟口，规格_____，最大允许排烟量_____，实际排烟量_____。

（3）排烟支管规格_____，接入规格_____的排烟横管，在排烟井处，变径为规格_____，接进规格_____的排烟立管。

（4）排烟立管不应为_____，该排烟立管管材为_____。

（5）该排烟系统编号为_____，排烟风机规格为_____。

（6）该排烟系统在_____设置排烟防火阀，动作温度_____。

（7）图中补风方式为_____；补风量为_____。

（8）若防烟分区 R1-03-313 内着火，这时防排烟系统有什么动作？

三、提升作业（选做）

熟读并理解案例图纸，对图纸进行分析，并完成图纸识读报告和材料清单的统计。

读一读（拓展阅读材料）

火灾时为什么要进行排烟？

火灾时产生的烟一般以一氧化碳为主，在这种气体的窒息作用下，人员的死亡率可达 50%～70%。由于烟气对人视线的遮挡，使人们在疏散时无法辨别方向。尤其是高层建筑因其自身的"烟囱效应"，使烟的上升速度极快，如不及时排除，会很快地垂直扩散至各处。因此，火灾发生后应立即使排烟系统工作，把烟迅速排出，并防止烟气窜入防烟楼道、消防电梯及非火灾区域。

随着高层建筑给我们的城市带来了一片生机和活力的同时，防火工作也日益严峻，通过对近年来发生的火灾事故分析，显示出烟气是造成建筑火灾人员伤亡的主要因素。火灾时烟气对人的危害主要表现在火灾烟气中含有大量的有毒气体、烟气不利于人员的疏散这两个方面。由于烟气对人的危害是火灾中人员伤亡的主要原因，因此，阻止烟气扩散，及时排除高温烟气，确保人员顺利疏散是高层建筑防排烟设计的主要目的。

　　现代化的高层民用建筑，装修、陈设时采用可燃物较多，还使用了大量的塑料装修、化纤地毯和用泡沫塑料填充的家具。这些可燃物在燃烧过程中，会产生大量的有毒烟气和热，同样要消耗大量的氧气。据统计，由于 CO 中毒窒息死亡或被其他有毒烟气熏死者，一般占火灾总死亡人数的 $40\%\sim50\%$，最高达 65% 以上；而被火烧死的人当中，多数是先中毒窒息晕倒后被烧死。烟气中含有 CO、CO_2、HF、HCl 等多种有毒成分，高温缺氧又会对人体造成危害；同时，烟气有遮光作用，使能见度下降，这对疏散和救援活动造成很大的障碍。为了及时排除有害烟气，保障人员的安全疏散、利于灭火扑救，必须在高层建筑中设置防烟、排烟系统。

模块**4**

Chapter 04

汽车库通风

任务 4.1 汽车库通风组成与计算

教学目标

1. 认知目标

① 掌握汽车库通风系统的构成与工作过程；

② 掌握汽车库通风系统的设计。

2. 能力目标

培养学生汽车库通风基本知识及知识运用能力；培养学生综合思考能力；培养学生环保意识、安全意识，做到学以致用。

3. 情感培养目标

在车库通风教学同时穿插安全教育、环保教育；课后的阅读开拓学生知识面，养成多角度不同维度思考问题的习惯，提高辨别能力、强化安全防范意识；激发学生爱国情怀。

4. 情感培养目标融入

在讲述汽车库通风时，结合环保、安全相关案例，加强学生环保意识，提高学生的综合素质。

教学重点

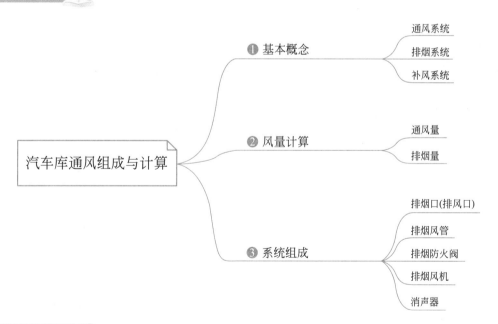

教学难点

本模块内容以概念和应用为主，难度不高，学生可以理解并掌握。

汽车库通风的设计为选讲内容，有能力的学生掌握，体现分层教育。

近年来，随着城市现代化建设的不断发展，城市交通中使用的中小型汽车数量飞速增长，因此，地下停车场、车库的建设也将随之而发展，以解决汽车存放与城市用地日益矛盾的问题。

地下停车库空间很大，又处于半封闭或封闭状态，库内汽车排放的有害物〔一氧化碳（CO）、碳氢化合物（HC）、氮氧化物（NOₓ）等〕无法自然排放出而积聚在库内。为保证汽车库符合使用、安全卫生等基本要求，应设置平时通风系统。同时为满足火灾时的排烟要求，以保证火灾发生时迅速扑灭火源，防止火灾蔓延，限制烟气的扩散，排除已产生的烟气，以保证人员和车辆撤离现场，减少伤亡，保障消防人员安全有效扑救，地下汽车库应设置防排烟系统。

4.1.1 汽车库的通风系统的设置

1. 汽车库平时通风的设置

自然通风时，汽车库内 CO 最高允许浓度大于 $30mg/m^3$ 时，应设机械通风系统。地下汽车库宜设置独立的送风、排风系统。具备自然进风条件时，可采用自然进风、机械排风的方式。室外排风口应设于建筑下风向，且远离人员活动区并宜做消声处理。

汽车库设有开敞的车辆出、入口时，可采用机械排风，自然进风的通风方式。当不具备自然通风条件时，应同时设机械进、排风系统。

（1）风机设置：车流量随时间变化较大的车库，风机宜采用多台并联方式或设置风机调速装置；

（2）严寒和寒冷地区地下车库一在坡道出入口设热空气幕；

（3）车库内排风和排烟可共用一套系统，但应满足消防要求。

2. 汽车库的平时通风风量计算

汽车库机械通风的排风量宜采用稀释浓度法进行计算。对于单层停放的汽车库，可采用换气次数法计算，并应取两者较大值。对于全部或部分为双层停车库或多层停车库，排风量应按稀释浓度法计算。如无计算资料时可参考换气次数估算。机械进风系统的进风量应小于排风量，一般为排风量的 80%～90%。

（1）排风量换气次数确定

① 层高＜3m，按实际高度计算换气体积；当层高≥3m，按 3m 高度计算换气体积。

② 当汽车出入频率较大。换气次数按不小于 6 次/h 计算，送风量按换气次数不小于 5 次/h 计算；住宅建筑的汽车库换气次数可按 4 次/h 计算。

③ 对地下及严寒地区的非敞开式汽车库，因受自然通风条件的限制，必须采用机械通风方式，要求汽车库按 6～10 次/h 换气计算换气次数。

（2）按每辆车所需排气量

汽车库里的汽车全部或部分为双层停放时，宜按每辆车所需排风量计算，当汽车出入频率较大时，可按每辆车 $500m^3/h$ 计算；出入频率一般时，按每辆车 $400m^3/h$ 计算；住宅建筑可按每辆车 $300m^3/h$ 计算。

（3）稀释浓度计算排风量

汽车库的送、排风量宜采用稀释浓度法计算。

排风量：
$$L = \frac{G}{y_1 - y_0}$$
（4-1）

式中，G——车库内 CO 排放量（mg/h），$G=M \cdot y$；

y_1——车库内 CO 的允许浓度（$30mg/m^3$）；

y_0——室外大气中 CO 的浓度，一般取 $2 \sim 3mg/m^3$；

y——典型汽车排放 CO 的平均浓度，通常情况下可取 $55000mg/m^3$；

M——库内汽车排出气体的总量（m^3/h），按下式计算：

$$M = \frac{T_1}{T_0} \cdot m \cdot t \cdot k \cdot n \qquad (4-2)$$

式中，n——车库中的设计车位数；

k——1 小时内出入车数与设计车位数之比，也称车位利用系数，一般取 $0.5 \sim 1.2$；

t——车库内汽车的运行时间，一般取 $2 \sim 6min$；

m——单台汽车单位时间排气量（m^3/min）；

T_1——车库内排气温度，取 773K；

T_0——车库内以 20℃计算的标准温度，取 293K。

举例说明：

$T_1=773K$，$T_2=293K$；取 $m=0.025m^3/min$，$t=5min$，$k=1$；车位数 $n=56$；求车库内 CO 的排放量。

$$M = \frac{T_1}{T_0} \cdot m \cdot t \cdot k \cdot n$$

$$M = \frac{773K}{293K} \cdot 0.025m^3/min \cdot 5min \cdot 1 \cdot 56$$

$$M = 18.47m^3/h$$

取 $y=55000mg/m^3$；

$$G = M \cdot y$$

$$G = 18.47m^3/h \cdot 55000mg/m^3$$

$$G = 1015850mg/h$$

4.1.2　汽车库的排烟系统及补风系统

除敞开式汽车库、建筑面积小于 $1000m^2$ 的地下一层汽车库和修车库外，汽车库修车库应设置排烟系统，并应划分防烟分区。防烟分区的建筑面积不宜大于 $2000m^2$，且防烟分区不应跨越防火分区，防烟分区可采用挡烟垂壁隔墙或从顶棚下突出不小于 0.5m 的梁划分。

排烟系统可采用自然排烟方式或机械排烟方式。机械排烟系统可与人防、卫生等排气通风系统合用。当采用自然排烟时，可采用手动排烟窗、自动排烟窗孔洞等作为自然排烟口，并应符合下列规定：（1）自然排烟口的总面积不应小于室内地面面积的 2%；（2）自然排烟口应设置在外墙上方或屋顶上，并应设置方便开启的装置；（3）房间外墙上的排烟口（窗），宜沿外墙周长方向均匀分布，排烟口（窗）的下沿不应低于室内净高的 1/2，并沿气流方向开启。

1. 汽车库的消防通风风量计算

汽车库修车库内，每个防烟分区排烟风机的排烟量不应小于表 4.1 的规定。

每个防烟分区排烟风机的排烟量 表 4.1

汽车库、修车库的净高(m)	汽车库、修车库的排烟量(m³/h)	汽车库、修车库的净高(m)	汽车库、修车库的排烟量(m³/h)
3.0 及以下	30000	7.0	36000
4.0	31500	8.0	37500
5.0	33000	9.0	39000
6.0	34500	9.0 以上	40500

汽车库内无直接通向室外的汽车疏散出口的防火分区，当设置机械排烟系统时，应同时设置补风系统，且补风量不宜小于排烟量的 50%。

电动汽车库的防排烟系统设置应符合《建筑设计防火规范（2018 年版）》GB 50016—2014 和《汽车库、修车库、停车场设计防火规范》GB 50067—2014 的规定要求。对于新建地下汽车库内配建充电设施的防火单元，其排烟系统应独立设置，不应与汽车库其他非充电设施区域共用，当独立设置确有困难时，同一防火分区内相邻布置的两个防火单元，可共用一个排烟系统，系统排烟量可按一个防火单元确定，但排烟量应在 GB 50067—2014 相关规定的基础上增加 20%。防火单元的补风系统宜独立设置，当独立设置确有困难时，也可利用同一防火分区内的相邻防火单元或者其他防烟分区进行补风。

2. 汽车库的消防通风系统组成

（1）排烟口（排风口）

每个防烟分区应设置排烟口，排烟口宜设在顶棚或靠近顶棚的墙面上，排烟口距该防烟分区内最远点的水平距离不应大于 30m。排烟口的风速不宜大于 10m/s。如图 4.1 所示。

图 4.1　排烟口（排风口）

和其他防排烟系统一样，汽车库排烟口应设置在储烟仓内。由于汽车库的排烟系统经常与平时通风系统兼用，且风管底部高度容易出现低于挡烟垂壁底部高度的情况，在设置排烟口或排风口时应特别注意其是否在储烟仓内，因此，建议排烟口设置在风管顶部。

（2）排烟风管

风管应采用不燃材料制作，且不应穿过防火墙、防火隔墙，当必须穿过时，应采用防火封堵材料，将孔洞周围的空隙紧密填塞，还应符合下列规定：

1）应在穿过处设置防火阀，防火阀的动作温度应为 70℃；

2）位于防火墙、防火隔墙两侧 2m 范围内的风管绝热材料应为不燃材料。

机械排烟管道的风速采用金属管道时，不应大于 20m/s，采用内表面光滑的非金属材料风道时不应大于 15m/s。

（3）排烟防火阀

在穿过不同防烟分区排烟支管上应设置烟气温度大于 280℃时能自动关闭的排烟防火阀，应连锁关闭相应的排烟风机。排烟防火阀如图 4.2 所示。

（4）排烟风机可采用离心式风机或排烟轴流（混流）式风机，并应保证 280℃时能连续工作 30min。

风管与风机连接处，装设柔性接头，长度宜为 150～300mm。

（5）消声器

消声器可采用 ZP 型片式消声器、ZW 型消声弯管、阻抗复合消声器等。应设于通风机房出口处，紧贴机房墙面，避免噪声通过风管穿越至机房外。

图 4.2　排烟防火阀

3. 汽车库平时通风管路在消防排烟时的转化

一般采用排风、排烟干管合用，排风口与排烟口兼用的方式。在车库上部设排风口兼作排烟口，排风口采用普通百叶风口。

采用双速高温排烟风机，排风机入口设置常开型 280℃排烟防火阀。

双速高温排烟风机在平时停车少时可手动低速运行或者变频调节运行；火灾时再自动切换至高速排烟状态。

课后作业

一、预习作业（想一想）

1. 通风与有害物浓度的关系。

2. 通风方式和气流组织的基本概念。

二、基本作业（做一做）

1. 建于大型商场地下室的汽车库，汽车出入频繁，其换气次数可按（　　）次/h 计算。

A. 3　　　　　　B. 4　　　　　　C. 5　　　　　　D. 6

2. 某住宅群地下室汽车库建有双层机械停车库，如果按每辆汽车所需排气量来计算通风量的话，每辆汽车应按（　　）计算。

A. 200m³/h　　　B. 300m³/h　　　C. 400m³/h　　　D. 500m³/h

3. 当采用稀释浓度法来计算汽车库排风量时，计算公式是：$L=\dfrac{G}{y_1-y_0}$，式中 G 表示（　　）。

A. 车库内 CO 的允许浓度　　　　　　B. 车库内排放 CO 的量

C. 库内汽车排出气体的总量　　　　　D. 车库中的设计车位数

4. 某地下汽车库内设置独立的排烟系统,在其中一个防烟分区内设置 3 个常闭排烟口,下列 (　　) 是错误的?

A. 布置排烟口时,保证每个排烟口距本防烟分区内最远点的距离不超过 30m

B. 人工开启三个排烟口的任何一个,其余两个均联动开启

C. 排烟口应具有手动和远控自动开启功能

D. 在排烟口上设置 280℃ 自动熔断装置

5. 汽车库的消防通风系统一般由＿＿＿＿＿、＿＿＿＿＿、＿＿＿＿＿、＿＿＿＿＿、＿＿＿＿＿等部分组成。

6. 风管与风机连接处,一般需要设置＿＿＿＿＿,其作用是隔绝风机工作时的振动,其设置长度宜为＿＿＿＿＿。

7. 在穿过不同防烟分区的排烟通风管道上应该设置＿＿＿＿＿,当烟气温度高于＿＿＿＿＿℃时该装置能自动＿＿＿＿＿并联锁排烟风机。

8. 整理本次课的课堂笔记。

🔍 读一读（拓展阅读材料）

人防工程并不是普通地下室

日常生活中,有些人的认知里存在误区,不太能分清楚人防工程和普通地下室,认为只要是建在地面以下的部分,就是人防工程,就归人防部门管理。并不是所有的地下室都是人防工程,普通地下室是为稳定地下建筑物或实现某种用途而建的,没有防护要求。

而人防工程并不是普通地下室,而是一种有防护要求的特殊地下建筑,人防地下室顶板、侧墙、地板都比普通地下室更厚实、坚固,除承重外还有一定抗冲击波和常规炸弹冲击波的能力,以保护人民生命财产安全,实现战时防空目的。

任务 4.2　汽车库通风图纸识读

教学目标

1. 认知目标

① 掌握汽车库通风系统的基本工作原理;

② 掌握汽车库通风系统的主要设备与附件;

③ 掌握汽车库通风施工图识读及施工方案。

2. 能力目标

培养学生汽车库通风图纸识读能力;培养学生汽车库通风管道施工能力;培养学生安全意识和环保观念,做到学以致用。

3. 情感培养目标

在进行汽车库通风系统的知识讲授过程中，结合地下空间战时与平时的结合利用，进行国防与爱国主义教育；通过课后的阅读资料开拓学生的眼见，丰富知识面、锻炼应变能力、激发学生爱国激情，使学生敬畏生命，尊重科学。

4. 情感培养目标融入

在讲述人防工程时，结合爱国主义教育、渗透革命传统教育；加强学生平战结合的国防意识，提高学生的综合素质。

教学重点

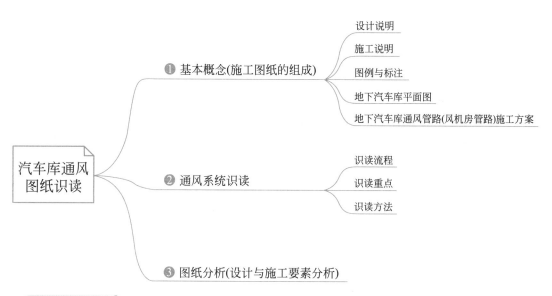

教学难点

（1）汽车库通风系统工作基本原理

在图纸识读的过程中，需要利用系统的工作原理来分析图纸的内容，并进一步强化前期课程关于系统原理、通风系统的材料、设备及附件等知识；可以要求学生根据平面图写出管道内气体流动的过程，统计汽车库通风系统的材料数量。

（2）汽车库通风施工图识读规律

汽车库通风施工图识读时，要根据汽车库通风流程基本原理去识读。在有条件的情况下可以借助汽车库BIM模型进行图纸识读，利用三维设计图增强学生的空间感，对学生汽车库通风平面图、剖面图有很大帮助。

汽车库的通风施工图识读

以某建筑物地下汽车库通风为例。

1. 设计说明

（1）设计依据

该地下室仅地下一层，面积 3001m²，地下室主要功能为汽车库及设备用房，耐火等级地上为二级，地下室部分为战时人防区。设计依据：《汽车库、修车库、停车场设计防火规范》GB 50067—2014、《民用建筑供暖通风与空气调节设计规范》GB 50736—2012、《建筑设计防火规范（2018 年版）》GB 50016—2014、《车库建筑设计规范》JGJ 100—2015。

（2）设计参数

汽车库通风量（换气次数）6 次/h，按照层高 3m 计算（非立体车位），尾气排出屋面；排风为双速风机，低速时可实现 4 次/h 换气次数，高速时可实现 6 次/h 换气次数；有直接对外的汽车坡道，防火分区利用坡道进行自然进风，没有汽车坡道的设置机械补风系统。

配置 CO 气体浓度监测系统。地下汽车库机械排风设置 CO 气体浓度监测系统，自动控制风机运行。汽车库每台排风机配一套 CO 气体浓度传感器和控制装置，传感器就近设置于排风系统服务区域的汽车库内。本套系统需由厂家深化设计后施工。凡共用通风井道的设备，风管上均设有止回阀或电动风阀（电动风阀应快速响应，与风机联动，阀门开风机开，风机关阀门关）。

（3）防排烟设计

地下一层汽车库按照防火分区划分防烟分区，防烟分区的建筑面积不大于 $2000m^2$，防烟分区采用挡烟垂壁进行划分，挡烟垂壁从顶板或主梁下挂不小于 500mm。每个防烟分区的排烟量不小于规范值。排烟风机与平时车库通风系统合用，高速挡排烟。补风采用汽车坡道自然补风。

排烟系统应与火灾自动报警系统联动，其联动控制应符合《火灾自动报警系统设计规范》GB 50116—2013 的有关规定。

排烟风机、补风机的控制方式，应符合下列要求：

1）现场手动启动；

2）消防控制室手动启动；

3）火灾自动报警系统自动启动；

4）系统中任一排烟阀或排烟口开启时，排烟风机、补风机自动启动；

5）排烟防火阀在 280℃时应自行关闭，并应连锁关闭排烟风机。

火灾时就地手动或自动开启相应防火分区内的排烟风机，若无法通过车道自然补风，同时开启对应防火分区的机械补风系统。当排烟风机入口处烟气温度达到 280℃时，风机前的排烟防火阀自动关闭，同时联动停止排烟风机的运行。

2. 施工说明

（1）施工依据

《通风与空调工程施工规范》GB 50738—2011；

《通风管道技术规程》JGJ 141—2004；

《通风与空调工程施工质量验收规范》GB 50243—2016。

（2）施工准备

安装单位在施工前应认真熟悉图纸，配合土建施工进度，及时做好管道穿越基础、沉降缝、墙板、楼板的预埋管件或预留孔洞。应预先做好设备运输方案，设备运输与吊装通道应与土建单位协调预留。对于管道复杂部位或多种管道交叉部位，安装单位应在施工前绘制管线综合草图。管道交叉避让原则为：小管让大管，有压管让无压管，冷水管让热水管。

（3）风管安装

本项目通风、防排烟和事故通风风管均采用镀锌铁皮风管，法兰连接。排烟系统风管厚度按照高压系统风管选择；风管厚度及安装根据 GB 50243—2016 中有关规定执行。风管经过沉降缝处管壁加厚至 2mm，沉降缝两侧各设一个柔性接头。一般通风风管上连接软管采用不燃防火帆布软接；排烟兼通风两用的风管上连接软管采用不燃型耐高温玻纤复合铝箔软接头，并满足在 280℃条件下正常工作不小于 30min 的要求。排烟管道及其连接部件应能在 280℃时连续 30min 保证其结构的完整性。防排烟系统风管的耐火极限需满足《建筑防烟排烟系统技术标准》GB 51251—2017 中第 3.3.8 和第 4.4.8 条的要求；汽车库的排烟风管耐火极限可不低于 0.5h。消防补风系统风管的耐火极限需满足《建筑防烟排烟系统技术标准》GB 51251—2017 中第 4.5.7 条的要求：补风管道耐火极限不低于 0.5h，当补风管道跨越防火分区时，管道耐火极限不低于 1.5h。防排烟系统、消防补风系统的镀锌钢板风管表面需刷防火涂料，厚度按《钢结构防火涂料》GB 14907—2018 相关要求执行：风管外部附涂超薄型防火涂料，涂层厚度 3mm，耐火时间不低于 0.5h；风管外部附涂薄型防火涂料，涂层厚度 5.5mm，耐火时间不低于 1.0h。

（4）支吊架

所有水平或垂直的风管，必须设置必要的支吊架或托架，其构造形式由安装单位在保证牢固、可靠的原则下根据现场情况选定，详见《金属、非金属风管支吊架》08K123。管道直径或大边长小于等于 400mm 的，间距不超过 4m；大于 400mm 的，间距不超过 3m。支吊架或托架应设置于保温层的外部，并在支吊架、托架与风管间镶以防腐垫木，垫木厚度与保温材料厚度相同，宽度大于支吊架支承面宽度。应避免在法兰、测定孔、调节阀等部件处设置支吊架、托架。此外，防火阀必须单独配置支吊架。防排烟风管、事故通风风管应采用抗震支吊架。

（5）调节与运行

为便于系统运行前的调试和运行中的调节，在管路干管分支点前后应设置测压孔，其距局部构件的前、后距离分别不应小于 5 倍和 3 倍的管段直径；通风机出口气流稳定处的管段上应设置测压孔。

通风风管上设置的消声器应由专业厂家提供，不可现场制作，供货商应提供消声频谱特性的实测报告，并经设计确认方可安装。图纸未说明的消声器均为阻抗式消声器，风管长边小于 1000mm 时，其有效消声长度为 1m，风管长边大于 1000mm 时，其有效消声长度为 1.5m。

防火阀与墙、楼板的安装距离不应大于 200mm，并应单独设支吊架，暗装时应设检修口。

（6）设备安装

设备安装、接管，配电及调试运转应根据厂家提供的产品说明书进行，如与设计不一致应征得设计人员同意后做必要修改。

所有振动设备均应设减震支吊架或支座，设备基础施工需待设备到货并核对地脚螺栓尺寸无误后方可进行，基础表面必须平整。

振动设备出、入口与风管连接需用 $L=200mm$ 的不燃防火帆布软接，排烟兼通风两用的风机软接采用不燃型耐高温玻纤复合铝箔软接头。仅消防排烟的风机不设软接。

大型轴流风机、柜式离心风机、安装时应有减震装置，订货时要求设备自带，并提供减震方案。

防排烟风管、事故通风风管及相关设备应采用抗震支吊架。

3. 图例与标注

（1）常用图例（图 4.3）。

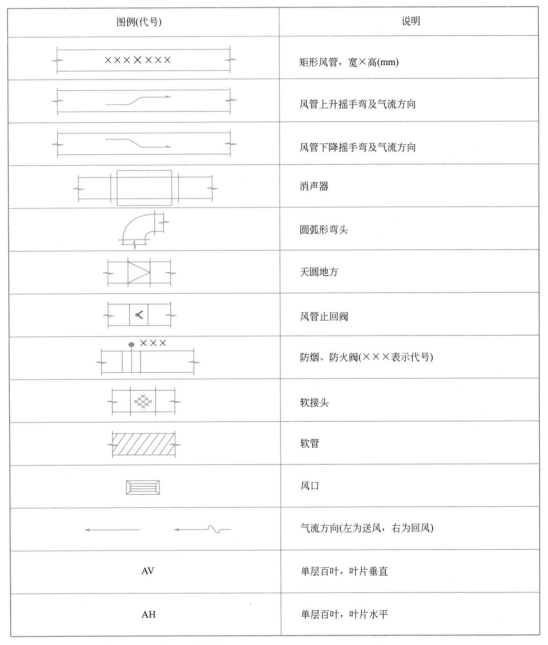

图例(代号)	说明
××××××	矩形风管，宽×高(mm)
	风管上升摇手弯及气流方向
	风管下降摇手弯及气流方向
	消声器
	圆弧形弯头
	天圆地方
	风管止回阀
×××	防烟、防火阀(×××表示代号)
	软接头
	软管
	风口
	气流方向(左为送风，右为回风)
AV	单层百叶，叶片垂直
AH	单层百叶，叶片水平

图 4.3　常用图例

（2）设备标注方法（图 4.4）。

（3）风口标注方法（图 4.5）。

（4）标高标注方法（图4.6）。

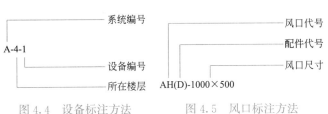

图4.4　设备标注方法　　　　图4.5　风口标注方法　　　　图4.6　标高标注方法

4. 地下车库平面图

图4.7中汽车库为防火分区一，面积为2460.1m²，分割为左右两个排烟分区，设置了两个排风排烟系统，防火区域由汽车坡道进行补风。

两个排风排烟系统组成基本相同，从系统末端的格栅风口通过通风管道将排风送至风机房，平时由柜式离心风机低速运行，将排风通过尾气井排至室外。

当发生火灾时，火灾报警联动动作，启动排烟模式，柜式离心风机高速运行达到排烟的目的。

风管材料为镀锌薄钢板，法兰连接。安装高度在图纸中表示如"风管标高 H ＋ 4.000"，指距本层地面4m。

具体的风管空间位置，在图纸中有明确的尺寸标注。

图4.8为排风机房布置图，由图可见：机房内设置有两台落地安装的柜式离心风机，分别编号为P(Y)-D-1和P(Y)-D-2，均为HTFC-Ⅱ-25型风机。

特别注意，在风管进入风机房之前需要设置消声器，如图4.8上A和B，表示在这里安装有两个消声器，管道进入排烟机房后，通过防火阀（FDSH）与风机连接，风机出口连接有规格为800mm×1000mm的风管，然后依次安装连接止回阀、防火阀，最后接入尾气井排至室外。

5. 地下汽车库通风管路（风机房管路）施工方案

（1）工程概况

本工程为地下汽车库的通风排烟系统，整体安置于建筑防火分区一；建筑地面标高－5.300，建筑面积2460.1m²；在建筑物的南面（⑦～⑧之间）有宽度为8.1m的建筑坡道通向地下室；在整个地下汽车库内，除风机房外在③～④轴之间有一道人防隔离，设有两扇战时安装的人防门。

风机房位于建筑东北角，汽车库一共有两路通风排烟管道，吊装于建筑物梁底；风机为柜式离心风机，落地安装，排风接入建筑尾气井。

通风管道采用镀锌薄钢板，属高压通风系统，表面需刷防火涂料，法兰接口；风管最大规格为2000mm×400mm；其中一路规格为1250mm×400mm风管将超越人防门；建筑⑤轴处有一道挡烟垂壁。

（2）施工安排

1）施工内容

本工程主要是防排烟通风管道安装与风机柜安装。

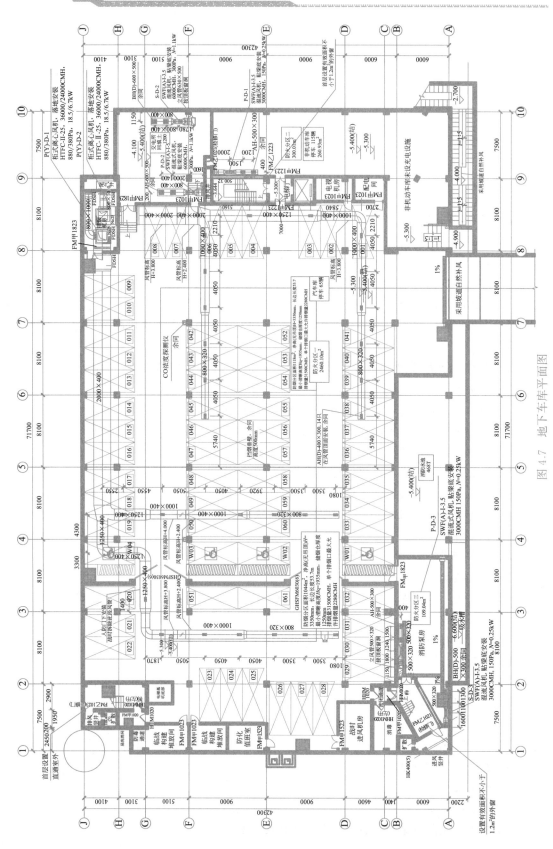

图 4.7 地下车库平面图

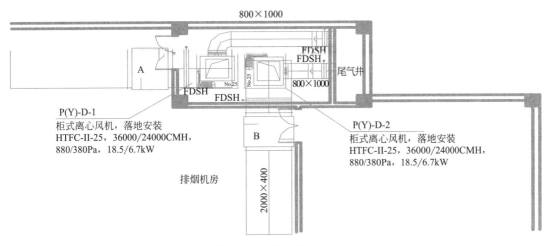

图 4.8　排风机房布置图

2）施工顺序

本通风排烟管道工程安装，按：施工准备→预制预留→通风排烟管道安装→附属设备与风机柜安装→检查验收→调试运行→竣工验收的施工工序进行。

3）施工准备

① 组织管理人员熟悉现场场地情况。

② 技术人员组织有关人员进行图纸会审，同时取得（准备）有关技术资料、规范、规程标准等，熟悉设计图纸，明确设计意图，对现场施工人员做好技术交底。

③ 制定各项材料采购进场计划。

④ 制定柜式离心风机的订购进场计划。

⑤ 制定劳动力计划。

⑥ 根据施工总平面布置图和总体规划以及本安装项目，安排预制加工作业区。

4）工程安装重点难点分析

① 设备进场就位的吊装运输。对于地下室通风管道的安装，由于风机等设备相对进场晚，并且安装需要在建筑工程基本完工后进行，故现场的搬运吊装条件比较差。

本工程地下室相对简单，场地宽敞，关键是有一个直通的汽车坡道，对于风机柜和其他大型材料的运输条件相对比较好。但根据施工图纸可知，风机房的门洞开孔约为 1.8m，所以在墙体砌筑前，设备安装人员将核对风机柜的尺寸与土建人员进行沟通，确保通道可以顺利地将风机柜移入到位。

② 本工程通风管道安装高度低的有 2.4m，高的有 4m，需要登高安装。在安装过程中需要配备合适的脚手架和人员，确保高空作业安全。

③ 由于是防排烟管道安装，风管外表面需要涂刷防火涂料，工程中风管宽度大的有2000mm，且贴顶安装，涂料操作空间狭小。

④ 与其他工种作业在空间上的碰撞，尤其是喷淋管道的管位与通风管道的碰撞。

⑤ 建筑通风井道的位置和接口处的预埋件，需要在地下室施工初期配合土建人员，及时提供需要的位置尺寸和规格并准确预埋。

121

（3）施工工艺

风管及部件制作

① 风管采用镀锌薄钢板制作，法兰接口。风管和配件的壁厚按《通风与空调工程施工质量验收规范》GB 50243—2016进行制作；按国家现行通风施工标准图集安装，通风风管尺寸与壁厚见表4.2。

通风风管尺寸与壁厚 表 4.2

风管直径或长边尺寸b(mm)	板材厚度(mm)			
	微压低压系统风管	中压系统风管		高压系统风管
		圆形	矩形	
$b≤320$	0.5	0.5	0.5	0.75
$320<b≤450$	0.5	0.6	0.6	0.75
$450<b≤630$	0.6	0.75	0.75	1.0
$630<b≤1000$	0.75	0.75	0.75	1.0
$1000<b≤1500$	1.0	1.0	1.0	1.2
$1500<b≤2000$	1.0	1.2	1.2	1.5
$2000<b≤4000$	1.2	按设计要求	1.2	按设计要求

② 通排风风管及配件的咬口缝应紧密，不得扭曲，内表面应平整光滑，外表面应整齐美观，厚度均匀一致，风管表面应平整，凹凸不大于10mm。

③ 法兰与风管或配件应形成一个整体，并应与风管轴线垂直，以免螺丝紧固时损坏法兰，法兰的螺栓孔的间距不得大于100mm，矩形风管法兰的四角处应设有螺孔，法兰螺栓两侧应加镀锌垫圈。风管法兰材料规格应符合表4.3规定。

风管法兰材料规格 表 4.3

风管直径或长边尺寸b(mm)	法兰角钢规格(mm)	螺栓规格
$b≤630$	∟25×3	M6
$630<b≤1500$	∟30×3	M8
$1500<b≤2500$	∟40×4	M8
$2500<b≤4000$	∟50×5	M10

④ 支吊架安装

a. 风管的支吊架形式将结合工程实地情况，优先采用综合支架，并按工程实际情况依据标准图选用。

间距：$b≤400$mm时，支架吊架间距≯4m；

$b>400$mm时，支架吊架间距≯3m。

b. 吊架吊杆应平直，螺纹应完整、光洁，所有吊杆均不得拼接。

c. 支吊架不宜设置在封口、阀门、检查门及自控机构处，离风口或插接管的距离不宜小于200mm。当水平悬吊的主、干风管超过20m时，应设置防止摆动的固定点，每个系统不应少于1个。

d. 依据设计与规范的要求，设置安装抗震支吊架。

其中抗震支吊架整体安装的间距、斜撑与吊架安装的间距、侧向抗震支吊架与纵向抗震支吊架布置的位置等应按照设计与规范的要求施工。

⑤ 风管安装

a. 风管连接应严密、牢固，连接螺栓应均匀紧固，螺母方向应在同一侧。风管法兰垫料按设计要求选用，垫料不得漏垫或突入管内，且不宜突出于法兰外。

b. 风管检查门（预留检测空）应开启灵活，关闭严密。

c. 风管与建筑通风（尾气井）的连接接口，应顺气流方向插入，并严格密封。

d. 风管和设备连接采用柔性软连接，需松紧适度，目测平顺，没有强制扭曲；软管长度应为150～250mm，其接合缝应牢固、严密，并不得作为异径管使用。

⑥ 风阀与部件的安装

a. 风管和部件可拆卸的接口，不得装在墙体和楼板内。

b. 系统中部件与风管连接主要采用法兰连接形式，其连接要求和所用垫料与风管连接相同。

c. 各种阀门在安装前应检查其结构是否牢固，调节装置是否灵活。安装时手动操纵机构应放在便于操作的位置。

d. 阀门安装完毕后，应在阀体外部明显标出开关方向及开启程度。

e. 防火阀安装方向、位置应正确，易熔件应迎气流方向，安装后应做动作试验，其阀板的启闭应灵活，动作应可靠，并设置独立支吊架。

f. 风口安装需严格按照设计图纸的位置进行，不得随意移动风口位置，当风口位置与其他安装有冲突造成移位，需与设计联系；风口与风管的连接应严密、牢固。

g. 消声器安装时应单独设置支吊架，不能由与其连接的风管承受其重量（消声器运至现场后，若暂时不安装，应做好封堵，并有防潮、防雨措施）。

h. 风管漏光、漏风量测试按《通风与空调工程施工质量验收规范》GB 50243—2016。

⑦ 柜式离心风机安装

a. 风机开箱必须严格执行开箱制度。风机开箱检查应在风机安装就位前进行，尽量避免在二次搬运前开箱，以免造成设备的损坏及零部件的丢失，如开箱检查后不能及时安装，必须将设备箱重新封好。开箱后的检查，业主及监理均需有人员参加，双方及监理共同验收并记录。

b. 风机开箱与检查要求：开箱检验，有业主、监理、厂家及有关人员参加；检查箱号、箱数及包装情况；按订货合同或订货详细技术参数检查设备的名称、型号和规格；按设备装箱单清点，设备附带的技术文件、资料、专业工具及零部件；设备外观有无损伤，表面有无损坏和锈蚀等；设备不受损伤，附件不能丢失；尽量减少包装箱板损失；开箱前应事先查明设备型号、箱号，以免开错箱；开箱前应事先将顶板上的尘土打扫干净，以免尘土散落在设备上；开箱一般要求先从包装顶板开始，在拆开顶板查明后，再采取适当方法拆除其他箱板，如无法从顶板开箱，可在侧面选择适当的位置拆开少量箱板观察内部情况确定方法后，再继续开箱；检查时应确认设备型号、规格是否与设计相符，设备外观和保护包装情况是否良好，如有缺陷、损伤和锈蚀等应如实做出记录，各方签字认可；按照装箱清单清点零件、部件、附件、备件，校对出厂合格证和其他技术文件是否齐全，并做

123

出记录；检查随箱所附的专用工具、量具、卡具等是否齐全，并做出记录；检查时如发现设备有重大缺陷或传动部分大面积腐蚀，除做好书面记录外，建议同时做好照片记录；检查完毕后，各方及时办理中间移交手续。

c. 柜式离心风机的运输及保管。设备进场后，应本着开箱检验合格后就安装的原则；对于一次不能就位的，应将设备重新封好箱，用帆布盖好，妥善保管；二次搬运时要注意保护，不得野蛮搬运，要熟悉施工道路情况，使用合适的运输机械将设备运至地下室，不应出现磕碰现象，也要注意保护他人成品；设备及其零部件和专用工具均设专人妥善保管，不得使其变形、损坏、锈蚀、混乱或丢失；从开箱验收合格后直到工程验收为止的整个安装过程，均应做好设备的保管工作。

d. 风机安装必须按设计施工图、设备技术文件、设备使用安装说明书、装配图等进行施工。在施工中，施工人员若发现设计中有不合理或不符合实际之处，应及时提出意见或修改建议，经施工技术人员与设计、监理、甲方研究决定后，才能按修改后的方案施工。

风机安装中，应精心操作，防止设备受损。风机在安装过程中，应按自检、互检和专业检查相结合的原则，对于隐蔽工程，必须在隐蔽前经检查合格，双方签字认可方可隐蔽，并做好原始记录。

e. 柜式离心风机安装工艺流程：基础验收→开箱检查→搬运→清洗→安装、找平、找正→试运转、检查验收。

风机基础检验：根据土建提供的基础交工资料进行中间检验，对轴线、基础混凝土强度等级、标高、平面几何尺寸、地脚螺孔深度等逐一检查。

风机的起吊遵守有关规范的要求，要特别注意保证设备、人员安全。搬运和吊装的绳索不得捆在转子、机壳或轴承盖的吊环上。设备的装卸、运输应本着到场卸车后立即进行安装就位的原则。对于不能一次就到位的设备要妥善保管，露天临时堆放的设备应有防雨覆盖物（篷布）。安装过程中所需的仪器、仪表、量具必须是计量合格的产品，并定期检查。

安装前，将设备基础表面的油污、泥土杂物和地脚螺栓预留孔内的杂物清除干净。按有关规范和设计要求、技术文件要求进行设备找平找正。风机设备安装就位前，按设计图纸并依据建筑物的轴线、边线及标高线放出安装基准线，进行风机设备定位。

吊装时直接放置在基础上，用垫铁找平找正，垫铁一般应放在地脚螺栓两侧，斜垫铁必须成对使用。设备安装好后同一组垫铁应点焊在一起，以免受力时松动。风机安装在无减震器支架上，应垫上 4～5mm 厚的橡胶板，找平、找正后固定牢。

风机出口的接出风管应顺叶轮旋转方向接出弯管。在现场条件允许的情况下，应保证出口至弯管的直段距离大于或等于风口出口长边尺寸 1.5～2.5 倍。如果受现场条件限制达不到要求，应在弯管内设导流叶片弥补。

风机试运转：经过全面检查手动盘车，供应电源顺序正确后方可送电试运转，运转前必须加上适度的润滑油，并检查各项安全措施，叶轮旋转方向必须正确，在额定转速下试运转时间不得少于 2h。运转后，再检查风机减震基础有无移位和损坏现象，并做好记录。

采用的规范与设计技术条件或产品说明书发生矛盾时，应以设计技术条件和产品说明书为准。

课后作业

一、阅读图纸并回答以下问题

1. 图中有_____台风机，风机的编号分别是_____、_____、_____，型号是_____，风量为_____，风压为_____，功率为_____。

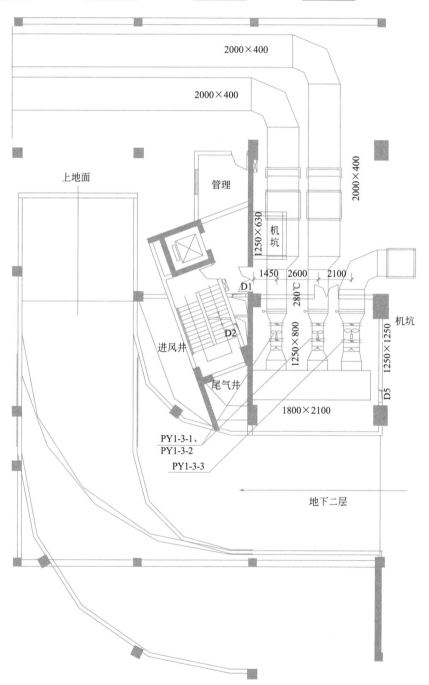

系统编号	设备型号	性能参数				使用场所及用途
		台数	风量（m³/h）	装机容量（kW）	全压（Pa）	
PY1-3-1、PY1-3-2	HTF-INO7 排烟风机	2	24000	7.5	600	防火分区三排风、排烟（地下一层汽车库）
PY1-3-3	HTF-INO10 排烟风机	1	36000	11	700	防火分区三排风、排烟（地下一层汽车库）
P1-4-1	SWF-INO5 混流风机	1	6000	1.1	250	防火分区四排风（地下一层自行车库）

2. 表示风机及风机两头连接的_____。

3. 图中风管规格有：_____。

4. 图中风机之间的间距及距离墙体的间距分别为_____。

5. 针对图纸，某项目部在工部初期拟定了两种风机房的施工安装流程 A 和 B，请你仔细阅图并结合其他课程知识与课外阅读的资料，选择其中一种施工安装流程并阐述理由。

流程 A：随同土建进度，在地下室初步具备土建条件的时候，地下室风机房墙体尚未砌筑时即将风机及风机房内设备全部就位，待六个月后主体结顶再进行地下二层的全部通风系统安装。

流程 B：等待土建主体全面结顶并要求土建对地下二层风机房部位进行二次墙体砌筑，以方便安装队伍能有足够的时间和位置将风机及风机房设备顺利从地面搬入地下二层。

二、阅读附件中电子图纸排烟风管、地下一层平面布置图，回答下列问题

1. 排烟防火阀图例为_____，动作温度为_____℃。

2. PY-R1-01 系统针对的防烟分区编号为_____，其排烟风管的最大规格为_____，该系统设置_____个排烟口，补风方式为_____，补风口位置设在_____之下。

3. PY-R1-01 系统中，最远点至其末端排烟口距离为_____m，小于_____m，满足消防要求。

4. PY-R1-01 系统中，风管弯头处设置_____。

5. 消防排烟补风洞口设在_____轴和_____轴位置，补风量_____，储烟仓下沿以下距离地面_____m。

6. 该地下室有_____个防火分区，PY-R1-01 系统在_____防火分区，面积为_____m²。

7. PY-R1-01 系统_____（是/否）用于平时排风。连接的排烟立管规格为_____。

8. 风管调节阀图例为_____。

模块5

特殊用途地下室通风

Chapter 05

任务 5.1　特殊用途地下室通风基础知识

教学目标

1. 认知目标

① 了解特殊类型建筑通风的意义；

② 掌握特殊类型建筑通风的分类；

③ 掌握防护通风的概念及相应功能；

④ 了解特殊类型建筑通风的设计。

2. 能力目标

培养学生特殊类型建筑通风知识及知识运用能力；培养学生综合思考能力；培养学生国防和保密意识，做到学以致用。

3. 情感培养目标

在专业教育同时穿插爱国主义教育、思想政治教育、革命传统教育；课后的阅读开拓学生知识面、锻炼应变能力，强调在事故或危害未发生前应采取的预防措施，不能放松对潜在危险的警惕和预防；激发学生爱国激情，对民族负责，对国家负责。

4. 情感培养目标融入

本模块讲述中，结合"居安思危，思则有备，有备无患"的理念，让我们在面对各种挑战时不忘初心，保持清醒的头脑和坚定的信念。同时，面对未来不确定性，及时采取措施，应对挑战。

教学重点

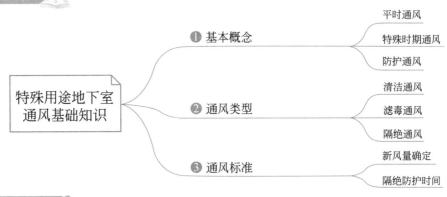

教学难点

本任务内容以概念和应用为主，难度不高，学生可以理解并掌握。

特殊类型建筑通风的设计为选讲内容，有能力的学生掌握，体现分层教育。

在一些特殊场合，为保障人员与物资安全、医疗救护等而单独修建的地下防护建筑或者结合地面建筑修建。该建筑通过相应转换措施，平时可作为车库、商场等；一旦发生相关事件，该建筑可作为人员掩蔽场所，或临时医疗场所、指挥场所等。

　　本任务主要对这种特殊工程中的通风系统进行分析，要求该工程能够满足人员日常的通风要求；若外界染毒时，通风系统能够提供满足人员最小清洁通风量；隔绝通风时保证内循环的正常进行，在规定的隔绝防护时间下不至CO_2超行，提供电站设备正常运行需要的燃烧空气量和冷却风量。

5.1.1　基本概念

　　该建筑区域根据功能分为主体与口部两部分。主体能满足其主要功能要求的部分，或指最里面一道密闭门以内部分。口部是主体与地表面，或与其他地下建筑的连接部分，或指最里面一道密闭门以外的部分。主体与口部示意图如图5.1所示。

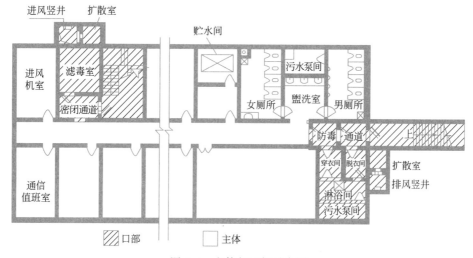

图5.1　主体与口部示意图

　　能抵御预定的爆炸动荷载作用，而且满足防毒要求的区域称为清洁区；允许染毒的区域是染毒区，清洁区与染毒区示意图如图5.2所示。

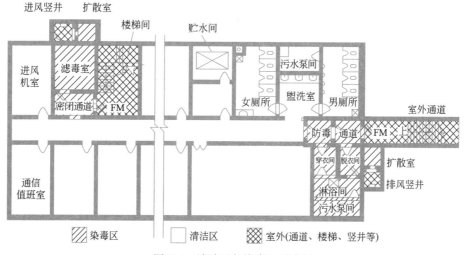

图5.2　清洁区与染毒区示意图

防护密闭门，是指既能阻挡冲击波又能阻挡毒剂通过的门；密闭门，能够阻挡毒剂通过的门。

消波设施是设在进排风口、排烟口减弱冲击波的防护设施，包括能自动关闭的防爆波活门、扩散室或扩散箱，如图 5.3 所示。

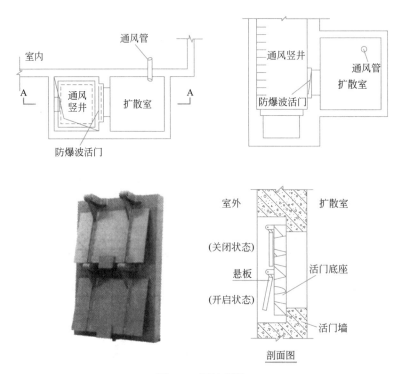

图 5.3　消波设施

滤毒室，是指装有通风滤毒设备的专用房间，如图 5.4 所示。

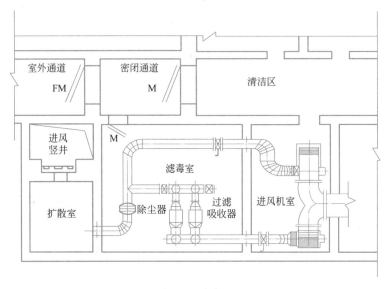

图 5.4　滤毒室

密闭通道，是指由防护密闭门与密闭门之间所构成，依靠密闭隔绝作用阻挡毒剂侵入室内的密闭空间。在室外染毒情况下，通道不允许人员出入。如图 5.5 所示。

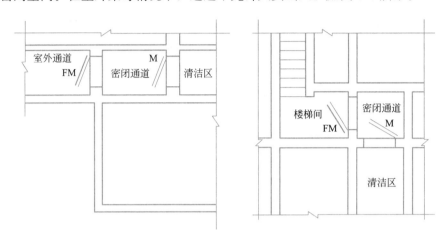

图 5.5　密闭通道

防毒通道，是指由防护密闭门与密闭门构成的，具有通风换气条件，依靠超压排风阻挡毒剂侵入室内的空间。在室外染毒情况下，通道允许人员出入，如图 5.6 所示。

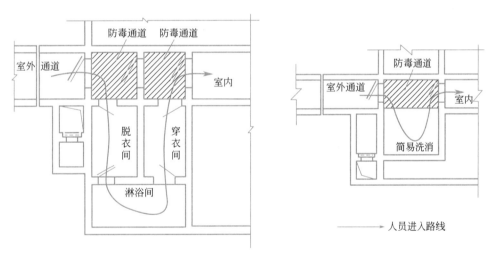

图 5.6　防毒通道

简易洗消间，是指在防毒通道一侧设置的供染毒人员清除局部皮肤上或衣物上有害物的房间，如图 5.7 所示。

洗消间，是指在防毒通道一侧设置的供染毒人员通过并清除全身有害物的房间。通常由脱衣间、淋浴间和穿衣间组成，如图 5.8 所示。

简易洗消间与洗消间人员的洗消路线与通风换气气流方向相反。

5.1.2　通风系统的设计

在主体和口部位置确认后，通风成为最重要的设计内容。含平时和特殊时期的通风，平时宜结合防火分区设置系统，特殊时期按防护单元设置独立的系统，确保各时段所需的

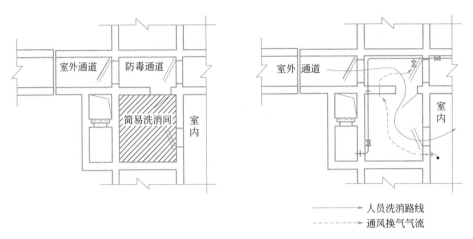

图 5.7 简易洗消间

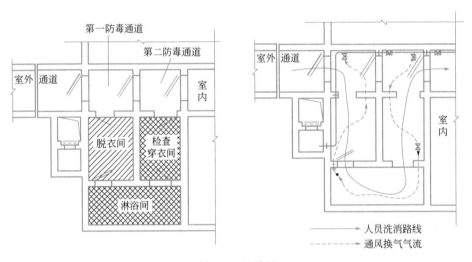

图 5.8 洗消间

工作、生活条件。

1. 基本概念

平时通风是保障建筑物平时使用功能的通风。在特殊时期设防护通风系统,防护通风系统包括进风系统和排风系统,其功能包括:(1)清洁通风:室外空气未受毒剂等物污染时的通风。(2)滤毒通风:室外空气受毒剂等物污染,需经特殊处理时的通风。(3)隔绝通风:室内外停止空气交换,由通风机使室内空气内循环的通风。

2. 通风设计

不同时期的进风、排风系统宜分别设置,但通风管路应尽量利用平时送风、排风管。

(1)平时通风

根据平时的不同用途,按要求设置通风、降湿或空气调节系统,为防止内部废气从口部倒流,若该建筑区域设于地下室,其内部不宜从人员出入口进风或排风,宜直接从室外或经通风竖井进风或排风。

平时用作停放汽车的地下室，其通风方式及进风排风量的计算，应根据相关的规范执行。

（2）特殊时期通风

掩蔽所内：采用机械进风，超压排风或机械排风，一般由竖井进风，在人员主要出入口进行超压排风或机械排风，满足清洁通风、滤毒通风和隔绝通风转换要求，进风系统分别由消波装置、油网过滤器、密闭阀门、过滤吸收器、通风机等防护通风设备组成。

物资库：特殊时期应设清洁通风和隔绝防护，进风系统由消波装置、油网过滤器、密闭阀门、回风插板阀和通风机等组成；排风可由消波装置、密闭阀门、排风机等组成，也可采用FCH防爆波超压自动排气（或由密闭门、防护密闭门）直接排往室外。

特殊时期汽车库：允许轻度污染，可采用机械排风与车道自然进风（或机械进风），满足通风换气要求，排风系统可由风机防爆波活门或风机、排风小室、防护密闭门排往库外。

（3）特殊时期通风标准

1）室内人员特殊时期新风量的确定见表5.1。

室内人员特殊时期新风量 [m³/(P·h)]　　　　　　　　　　　　表5.1

类别	清洁通风	滤毒通风
医疗救护工程	≥12	≥5
专业队队员掩蔽部、生产车间	≥10	≥5
一等人员掩蔽所、食品站、区域供水站、电站控制室	≥10	≥3
二等人员掩蔽所	≥5	≥2
其他配套工程	≥3	—

注：物资库的清洁通风以满足物资内部1～2（h⁻¹）换气所需新风量。

2）特殊时期清洁通风时室内空气温度和相对湿度宜符合表5.2的规定。

特殊时期清洁通风时室内空气温度和相对湿度　　　　　　　　表5.2

用途			夏季		冬季	
			温度（℃）	相对湿度（%）	温度（℃）	相对湿度（%）
医疗救护工程		手术室、急救室	22～28	50～60	20～28	30～60
		病房	≤28	≤70	≥16	≥30
柴油电站	机房	人员直接操作	≤35	—	—	—
		人员间接操作	≤40	—	—	—
		控制室	≤30	≤75	—	—
专业队队员掩蔽部人员掩蔽工程			自然温度及相对湿度			
配套工程			按工艺要求确定			

注：① 专业队队员掩蔽部人员掩蔽工程，平时维护管理时的相对湿度不应大于80%。
　　② 医疗救护工程，平时维护管理时的相对湿度不应大于70%。

3）设计滤毒通风时，清洁区超压和最小防毒通道换气次数应符合表5.3的规定。

滤毒通风时的防毒要求 表 5.3

类别	最小防毒通道换气次数（h^{-1}）	清洁区超压（Pa）
医疗救护工程、专业队队员掩蔽部、一等人员掩蔽所、生产车间、食品站、区域供水站	≥50	≥50
二等人员掩蔽所、电站控制室	≥40	≥30

滤毒通风时的新风量应按公式（5-1）和公式（5-2）计算，取其中的较大值。

$$L_R = L_2 \times n \tag{5-1}$$

$$L_H = V_F \times K_H + L_f \tag{5-2}$$

式中，L_R——按掩蔽人员计算所得的新风量（m³/h）；

L_2——人员掩蔽所新风量设计计算值 [m³/(P·h)]，详见表 5.1；

n——室内的掩蔽人数（P）；

L_H——室内保持超压值所需的新风量（m³/h）；

V_F——特殊时期主要出入口最小防毒通道的有效容积（m³）；

K_H——特殊时期主要出入口最小防毒通道的设计换气次数（表 5.3）；

L_f——室内保持超压时的漏风量（m³/h），可按清洁区有效容积的 4%（每小时）计算。

4）隔绝防护时间以及 CO_2 防护时室内允许浓度、O_2 体积浓度见表 5.4。

隔绝防护时间以及 CO_2 防护时室内允许浓度、O_2 体积浓度 表 5.4

用途	隔绝防护时间(h)	CO_2 允许浓度(%)	O_2 体积浓度(%)
医疗救护工程、专业队队员掩蔽部、一等人员掩蔽所、食品站、生产车间、区域供水站	≥6	≤2.0	≥18.5
二等人员掩蔽所、电站控制室	≥3	≤2.5	≥18.0
物资库等其他配套工程	≥2	≤3.0	—

隔绝防护时间： $$\tau = \frac{1000 V_0 (C - C_0)}{n \cdot C_1} \tag{5-3}$$

式中，τ——隔绝防护时间（h）；

V_0——清洁区内的容积（m³）；

C——室内 CO_2 容许体积浓度（%），应按表 5.4 确定；

C_0——隔绝防护前室内 CO_2 初始浓度（%），宜按表 5.5 选用；

C_1——清洁区内每人每小时呼出的 CO_2 量，掩蔽人员宜取 20 [L/(P·h)]，工作人员宜取 20~25；

n——室内的掩蔽人数(P)。

C_0 值选用表 表 5.5

隔绝防护前的新风量[m³/(P·h)]	C_0(%)	隔绝防护前的新风量[m³/(P·h)]	C_0(%)
25~30	0.13~0.11	7~10	0.34~0.25
20~25	0.15~0.13	5~7	0.45~0.34

续表

隔绝防护前的新风量[m³/(P·h)]	C_0(%)	隔绝防护前的新风量[m³/(P·h)]	C_0(%)
15~20	0.18~0.15	3~5	0.72~0.45
10~15	0.25~0.18	2~3	1.05~0.72

课后作业

一、预习作业（想一想）

1. 了解特殊时期的通风工程。

2. 从功能上，说明通风的分类。

二、基本作业（做一做）

1. 整理本次课的课堂笔记。

2. 名词解释：清洁通风、滤毒通风、隔绝通风。

3. 保障特殊时期地下室功能的通风说法正确的是（　　）？

A. 包括清洁通风、滤毒通风、超压排风三种

B. 包括清洁通风、隔绝通风、超压排风三种

C. 包括清洁通风、隔绝通风、平时排风三种

D. 包括清洁通风、滤毒通风、隔绝通风三种

4. 平时为汽车库，特殊时期为人员掩蔽所的地下室，下列做法（　　）是错误的？

A. 应设置清洁通风、滤毒通风和隔绝通风

B. 应设置清洁通风和隔绝防护

C. 暂时应按防护单元设置独立的通风空调系统

D. 穿过防护单元隔墙的通风管道，必须在规定的临战转换时限内形成隔断

5. 当地下室平时和特殊时期合用通风系统时，下列（　　）是错误的？

A. 应按平时和特殊用途工况分别计算系统的新风量

B. 应按最大计算新风量选择清洁通风管管径、粗过滤器和通风机等设备

C. 应按特殊用途清洁通风计算的新风量选择防爆波活门，并按门扇开启时，校核该风量下的门洞风速

D. 应按特殊用途滤毒通风计算的新风量选择过滤吸收器

6. 以下不属于特殊用途地下室应具备通风换气条件的部位是（　　）？

A. 染毒通道　　　　　　　　　　B. 防毒通道

C. 简易洗消间　　　　　　　　　D. 人员掩蔽部

7.（多选）二等人员掩蔽所的通风包含了下列哪些方式（　　）？

A. 平时通风　　　　　　　　　　B. 清洁通风

C. 滤毒通风　　　　　　　　　　D. 隔绝通风

E. 事故通风

8.（多选）无人掩蔽汽车库应设置下列哪种通风方式（　　）？

A. 防护通风　　　　　　　　　　B. 清洁通风

C. 滤毒通风　　　　　　　　　　　　D. 隔绝通风

E. 事故通风

三、提升作业（选做）

1. 某地下室是二等人员掩蔽所，已知特殊时期清洁通风量为 8 $[m^3/(P \cdot h)]$，其隔绝防护时间应≥3h。在验算隔绝防护时间时，其隔绝防护前的室内 CO_2 初始浓度宜为（　　）?

A. 0.72%～0.45%　　　　　　　　B. 0.45%～0.34%

C. 0.34%～0.25%　　　　　　　　D. 0.25%～0.18%

2. 某地下室为二等人员掩蔽所。清洁区的有效体积为 $320m^3$，掩蔽人数为 420 人，清洁通风的新风量标准为 6 $[m^3/(P \cdot h)]$，通风的新风量标准为 2.5 $[m^3/(P \cdot h)]$，最小防毒通道体积为 $20m^3$。设计滤毒通风时的最小新风量应是（　　）?

A. 2510～$2530m^3/h$　　　　　　　B. 1040～$1060m^3/h$

C. 920～$940m^3/h$　　　　　　　　D. 790～$810m^3/h$

3. （多选）某建筑工程地下室特殊时期的隔绝防护时间经校核计算不满足规范规定值，故必须采取有效的延长隔绝防护时间的技术措施。下列（　　）措施是正确的。

A. 设置氧气再生装置、高压氧气罐　　B. 尽量减少特殊用途掩蔽人员

C. 尽量减少室内人员活动数，严禁吸烟　D. 加强工程的气密性

E. 设置运动器材，加强身体锻炼

任务 5.2　特殊用途地下室通风系统原理及图纸识读

教学目标

1. 认知目标

① 掌握特殊用途地下室通风流程基本原理；

② 掌握特殊用途地下室通风系统的主要设备及附件；

③ 掌握特殊用途地下室通风施工图识读及施工方案。

2. 能力发展目标

培养学生特殊用途通风图纸识读能力；培养学生特殊用途通风管道施工能力；培养学生国防意识和战备观念，做到学以致用。

3. 情感培养目标

将特殊用途通风教学与爱国主义教育、思想政治教育、革命传统教育相结合；开拓学生知识面，掌握各种防护技能，提高学生防范意识；告诫学生在安逸的生活中要考虑可能出现的危险，培养学生保家卫国思想。

4. 情感培养目标融入

在讲述本任务时，结合我国近代史，展开爱国主义教育、思想政治教育、革命传统教

育。加强学生常备不懈的国防意识，提高学生的综合素质。

教学重点

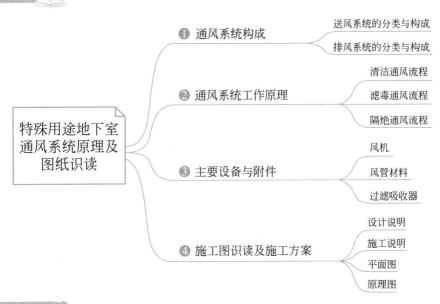

教学难点

（1）特殊功能地下室通风流程基本原理

在讲这部分内容时，可以要求学生根据流程图写出空气流动的过程。

（2）通风施工图识读

特殊功能地下室通风施工图识读时，要根据通风流程基本原理去识读。在有条件的情况下，可以根据 BIM 图进行图纸识读，增强学生的空间感，对学生人防平面图、剖面图有很大帮助。

特殊用途地下室防护通风系统包括清洁式通风、滤毒式通风、隔绝式通风三种方式。

5.2.1　特殊用途地下室防护通风流程基本原理

该通风系统中送风系统包括进风竖井、消波装置、密闭阀门、除尘设备、进风机等设备组成。消波设施由防爆波活门和扩散室组成，防爆波活门设在进风竖井和扩散式的隔墙上；除尘设备、滤毒设备和通风机等分别设在相应的房间内。

1. 送风系统

（1）单风机送风系统

如图 5.9 所示，单风机送风系统指的是清洁通风和滤毒通风合用通风机的进风系统，图中换气堵头作用是在更换过滤器后排留下的毒气；增压管的作用防止滤毒通风时未经处理的空气从密闭阀 3b 处渗入。

1）清洁通风中的送风流程：

消波设施 1（建筑提供）→过滤器 2→密闭阀 3a→密闭阀 3b→通风机 5。

137

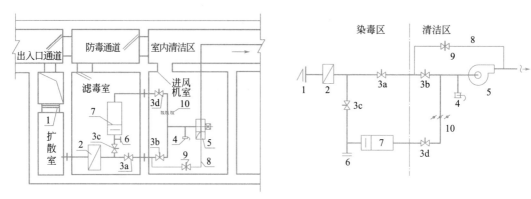

图 5.9 单风机送风系统

1—消波设备；2—过滤器；3—密闭阀；4—插板阀；5—通风机；

6—换气堵头；7—过滤吸收器；8—增压管；9—球阀；10—风量调节阀

2）滤毒通风中的送风流程：

消波设施 1（建筑提供）→过滤器 2→密闭阀 3c→过滤吸收器 7→密闭阀 3d→风量调节阀 10→通风机 5。

3）隔绝通风中的送风流程：

插板阀 4→通风机 5。

（2）双风机送风系统

双风机送风系统指的是清洁通风与滤毒通风分别设置通风机（图 5.10）。

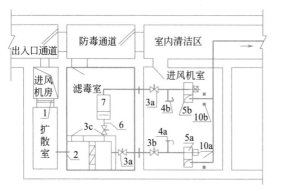
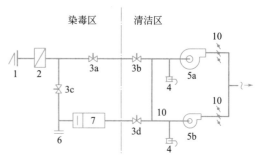

图 5.10 双风机送风系统

1—消波设施；2—过滤器；3—密闭阀；4—插板阀；5—通风机；

6—换气堵头；7—过滤吸收器；10—风量调节阀

1）清洁通风中的送风流程：

消波设施 1→过滤器 2→密闭阀 3a→密闭阀 3b→通风机 5a→风量调节阀 10a。

2）滤毒通风中的送风流程：

消波设施 1→过滤器 2→密闭阀 3c→过滤吸收器 7→密闭阀 3d→通风机 5b→风量调节阀 10b。

3）隔绝通风中的送风流程：

插板阀 4a→风机 10a→风量调节阀 10a。

（3）只设清洁通风的进风系统（图5.11）

图5.11 只设清洁通风的进风系统
1—消波设施；2—粗过滤器；3—密闭阀；4—插板阀；5—通风机

2. 排风系统

排风系统由消波设施、密闭阀门、排风井、自动超压排气活门或防爆型自动超压排气活门组成。排风机一般用于清洁式排风方式中；自动超压排气活门或防爆型自动超压排气活门应用在滤毒式排风方式中；自动超压排气活门应用在有排风消波装置的排风系统中。防爆型自动超压排气活门通常用在没有排风消波装置的排风系统中，可直接承受冲击波。

设有清洁、滤毒、隔绝三种防护通风方式时，排风系统可根据洗消间设置方式的不同，分为以下两种方式。

（1）设简易洗消间的排风系统（图5.12）

1）清洁通风中的排风流程：

通风短管4→密闭阀3a→密闭阀3c→扩散室→防爆波活门1。

2）滤毒通风中的排风流程（全室超压排风）：

自动排气活门2→密闭阀3b→密闭阀3c→扩散室→防爆波活门1。

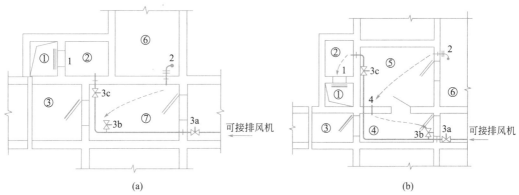

(a)   (b)

①排风竖井；②扩散室或扩散箱；③染毒通道；　①排风竖井；②扩散室或扩散箱；③染毒通道；

⑥室内；⑦设有简易洗消设施的防毒通道；　④防毒通道；⑤简易洗消间；⑥室内；

　1—防爆波活门；2—自动排气活门；　　　1—防爆波活门；2—自动排气活门；

　　　3—密闭阀　　　　　　　　　　　　　3—密闭阀；4—通风短管

图5.12 设简易洗消间的排风系统
（a）简易洗消设施置于防毒通道内的排风系统；（b）设简易洗消间的排风系统

（2）设洗消间的排风系统（图5.13）

1）清洁通风中的排风流程：

排风机5→密闭阀3a→密闭阀3b→扩散室→防爆波活门1。

2）滤毒通风中的排风流程（超压排风）：

密闭阀3c→通风短管4a→通风短管4b→自动排气活门2→通风短管4c→密闭阀3d→

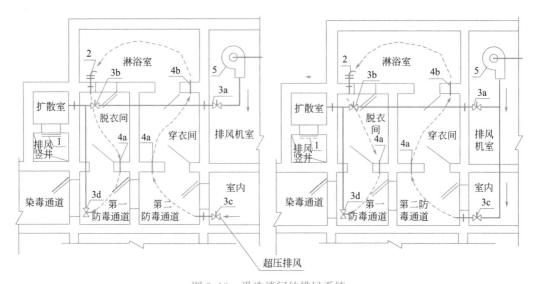

图 5.13 设洗消间的排风系统

1—防爆波活门；2—自动排气活门；3—密闭阀；4—通风短管；5—排风机

扩散室→防爆波活门 1。

3. 平时通风与特殊用途通风之间的转换

特殊时期使用过的过滤吸收器、通风机平时可暂不安装，但应完善设计，做好预留和快速安装的措施。厕所、盥洗室、污水泵间等房间的排风系统宜按防护单元单独设置，宜两用。二者合一的进风口，其防爆波活门的平时通风量应按防爆波活门门扇开启时风速不大于 10m/s 确定。不影响平时使用的洗消间和防毒通道的自动排气活门、密闭阀、排风口等设施平时宜安装到位。特殊时期电源无保证时，应采用电动、人力两用风机。

5.2.2 主要设备及附件安装

1. 风机

（1）电动人力两用风机（图 5.14）：

① 脚踩、电动两用风机，风量、风压大。

② 手摇、电动两用风机，风量、风压较小。

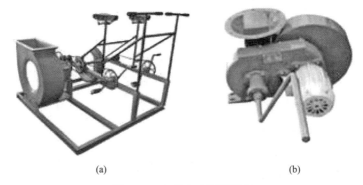

(a)   (b)

图 5.14 电动人力两用风机

（a）脚踩、电动两用风机；（b）手摇、电动两用风机

（2）排风机（图5.15）：一般为普通风机：

通风机和风管系统的正确连接，可保证通风系统的正常运行。在风机与风管连接时，要使气流进出风机尽可能均匀一致，不要有方向或速度的突然变化。

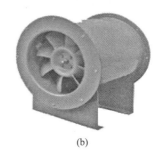

(a)   (b)

图5.15　排风机

(a) 轴流式排风机；(b) 混流式排风机

2. 风管材料

在第一道密闭阀门至工程口部的管道与配件，应采用厚2～3mm钢板焊接制作。其焊缝应饱满、均匀、严密。染毒区的通风管道应采用焊接连接。通风管道与密闭阀应采用带密封槽的法兰连接，其接触应平整；法兰垫圈应采用整圈无接口橡胶密封圈。主体工程内通风管道与配件的钢板厚度应符合设计要求。当设计无具体要求时，钢板厚度应大于0.75mm。

通风管的密闭穿墙短管，应采用厚2～3mm的钢板焊接制作，其焊缝应饱满、均匀、严密。通风管的测定孔、洗消取样管应与管同时制作。测定孔和洗消取样管应封堵。

3. 油网滤尘器（图5.16）

油网滤尘器是由多层网眼大小不一的金属丝网，经过挂油处理叠加在一起，装在一个金属框格里的除尘设备。它是过滤吸收器的前级保护装置，由于过滤器使用的过滤材料比较致密，很容易被大颗粒物质堵塞，缩短使用寿命。通过油网滤尘器先把大颗粒物质除掉，保证过滤吸收器正常使用，延长其使用寿命。油网滤尘器在对放射性尘埃的防护中能发挥极其重要的作用，它可以把大颗粒的放射性尘埃阻留在油网上，等到适当的时候把油网拆下来，挖坑深埋，就可以将内部放射性伤害降到最低程度。

图5.16　油网滤尘器

油网除尘器有两种安装方式，分别为管式安装和立式安装。当风量较大时，一般采用立式安装，立式安装风量较大，可以根据风量需要灵活选择油网除尘器数量，适用于大风量系统。工程在使用状态下，当油网除尘器的通风阻力达到规定值时，应更换油网网片，油网除尘器网片是高染毒载体，是一种二次毒源，在更换过程中会使环境再次遭受污染。立式安装除尘器有专用小室，穿戴防毒衣和防毒面具的人进入小室，把检查密闭门关上，

141

在除尘器室内进行更换操作，对滤毒室的污染影响就小很多。

如果采用管式安装，更换除尘网的操作全部在滤毒室内进行，滤毒室的污染程度将呈数量级升高，这种情况下，为了减少对滤毒室的污染，应该整体更换管式除尘器。

立式安装油网除尘器需要掌握好以下环节：

（1）立式安装油网除尘器专用小室必须用钢筋混凝土构筑，与工程建设同步完成，不能用砖墙临时构筑，为了保证滤毒室的安全，油网除尘器专用小室应设置密闭隔墙，墙上的门洞应设置密闭门。

（2）油网除尘器必须迎着冲击波作用方向设置，油网除尘器在每个框格的底部用10mm×3mm的扁钢焊成九宫格状网片，需能承受0.05MPa的冲击波余压作用；如果油网除尘器背向冲击波作用方向安装，加强措施起不到作用，油网除尘器便失去防护功能。

（3）检查密闭门应该设在油网除尘器前方，油网网片按网眼大小依次叠放在框格内，放入和拆出的操作都在油网除尘器前面操作，也就确定检查门的设置位置必须在油网除尘器的前面。

（4）油网除尘器不宜直接安装在悬板活门扩散室的墙壁上。正确的做法是，悬板活门的扩散室应满足最小尺寸要求，然后再设置油网除尘室，特别是抗力高、风量大的工程。

（5）立式安装的油网除尘器在并列安装时，列之间应有加强立梁，或者在两列油网除尘器之间保留一定宽度的墙面，不得把两列或多列油网除尘器直接并在一起，列之间没有预留墙面，也没有任何加强措施。

4. 过滤吸收器（图5.17）

过滤吸收器由精滤器和滤毒器两部分组成，精滤器过滤有害气溶胶，滤毒器吸附有害蒸汽。过滤吸收器是专用设备，安装于滤毒通风系统中，具有抗冲击波余压和滤毒、灭菌的功能。

过滤吸收器安装应注意：

（1）该设备安装时气流方向必须与设备要求一致。

（2）安装在通风管道上的过滤吸收器，平时不使用时必须关闭过滤吸收器前后的阀门；长期不使用时，应将过滤吸收器拆下，装上进出口密封挡板；平时不应与通风系统相连，以免受潮失效。

图5.17 过滤吸收器

（3）过滤吸收器的前后管道上，应设压差测量管并连接在微压计上，由此测定过滤吸收器的前后压差（即其阻力），通过测量过滤吸收器的阻力变化，及时掌握过滤吸收器的滤毒能力。

（4）过滤吸收器不能与酸碱、易燃、易挥发的溶剂和燃料等存放在一起，以免破坏内部材料使之失效。滤毒室内应保持整洁、干燥，注意防潮。

特殊时期用的除尘器、过滤吸收器平时可不安装，但是粗除尘器平时应安装，为保证送风质量，平时也需除尘。

5. 密闭阀与插板阀（图 5.18）

（1）密闭阀

密闭阀在通风中保证管道密闭和转换通风。它可以安装在水平或垂直管道上，使用时要求阀门板全启或全闭，不能作调节流量用。阀门安装时应保证标志压力通径的箭头与受冲击波的方向一致，并应便于阀门手柄的操作，阀门可以采用支架或吊架形式安装。

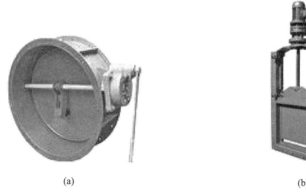

(a)　　　　　　　　　　　　　　　　　(b)

图 5.18　密闭阀与插板阀

（a）密闭阀；（b）插板阀

（2）插板阀

插板阀为功能转换用阀门，可以平时与特殊时期通风转换、清洁通风与隔绝通风转换用。

6. 自动排气活门（图 5.19）

靠活门两侧空气压差作用自动启闭、并具有抗冲击波余压功能。其目的是为了保持室内一定的超压，当室内差压消失时，活门自动关闭。

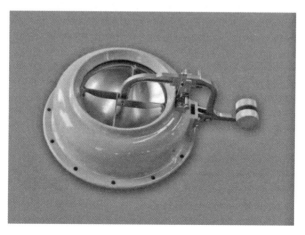

图 5.19　自动排气活门

自动排气活门施工安装要求：

（1）预埋管与法兰焊接应保持密封，不得渗漏。

143

（2）预埋前，应除去锈疤，刷红丹防锈漆两道，预埋管与密闭肋采用满焊。

（3）预埋时，必须保证法兰平面与地面垂直，同时应保证排气活门的重锤位于最低处。

（4）活门安装时，应清除密封面的杂物，并衬以 5mm 厚的橡胶垫圈，螺栓应均匀旋紧，防止渗漏。

（5）预埋管长度应根据墙厚而定，管径与活门的通风口径一致。

7. 其他各类管线

（1）放射性检测取样管

在滤毒式通风系统中，用来提取染毒空气样本的管线，装设在滤尘器前端的风管上，在除尘器进风前端测压管的前面。要求采用热镀锌钢管，管径为 DN32mm，加设球阀；管的末端弯头迎气流方向，检测管与风管焊接牢固。无放射性要求可不设。

（2）尾气监测取样管

在滤毒式通风系统中，用来提取过滤后的空气样本的管线。安装在滤毒器后端风管上，要求采用热镀锌钢管，压差管的管径为 DN15mm，加设截止阀；检测管与风管牢固焊接，管的末端弯曲迎气流方向与放射性检测管一致。

放射性检测取样管在前，尾气监测取样管在后。

（3）增压管

增压管只有特殊时期清洁通风和滤毒通风合用风机的通风系统中才设置。其作用是平衡染毒区和清洁区两个密闭阀之间管段在意外渗漏时可能导致的负压进气。入口设在进风机出口气流平稳处风管内中心位置，并对着气流方向；出口在清洁进风两道密闭阀之间的风管上。只有在滤毒通风时，增压管上的球阀开启，其他情况球阀都关闭。该管线采用热镀锌钢管，管径为 DN25mm，管路中设球阀。

（4）测压管（图 5.20）

在滤毒通风系统中，用来连接测压装置，测量室外压力的管线称为测压管。测压管与测压装置一般布置在工程次要入口处，该装置可由倾斜式微压计、连接软管、铜球阀和连接室外的测压管组成。一端在清洁区内的值班室或防化值班室通过铜球阀、橡胶软管与倾斜式微压计连接，另一端在防护外（管口朝下）；即可预留，也可明设；采用热镀锌钢管，管径为 DN15mm；在防护区内侧加设球阀或旋紧阀；两端出墙≥100mm。

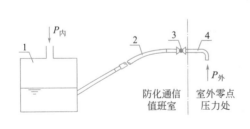
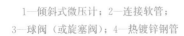

1—倾斜式微压计；2—连接软管；　　　1—倾斜式微压计；2—连接软管；3—球阀（或旋塞阀）

3—球阀（或旋塞阀）；4—热镀锌钢管　　　4—DN15mm 镀锌钢管；5—密闭阀；6—内下弯头

图 5.20　测压管

（5）气密性测量管

用来检测密闭通道各密闭门或防护密闭门的密闭性。安装在工程口部，密闭通道（防毒通道）每道防护密闭门和密闭门的门框墙上。要求采用热镀锌钢管，管径为DN50mm；密闭肋采用 3～4mm 厚的钢板制作，且管两端均应出墙至少 50mm，有防护密闭措施。

8. 隔声、消声、减震措施

各功能区域均应满足平时使用对噪声要求，进风机房、排风机房、空调机房等房间宜设隔声套间，并设一道隔声门、一道防火门。通风机、空调机等进出口宜采用软管与管道连接，通风和空气调节设备应设置隔震基础。

5.2.3　通风施工图识读和施工方案

以某建筑物工程设计为例：

1. 设计简单说明

（1）工程概况

工程名称：××市某经济技术开发区某工程设计。

工程建设地点：××市。

工程设计范围：地下室特殊时期通风设计。

工程简述：该地下室位于地下一层地下室，该项目建筑面积 670.81m²，为一个二等人员掩蔽部，为甲类附建式地下特殊工程。

（2）设计依据

《全国民用建筑工程设计技术措施》；

《汽车库、修车库、停车场设计防火规范》GB 50067—2014；

《公共建筑节能设计标准》GB 50189—2015；

《公共建筑节能设计标准》DB33/1036—2007；

《民用建筑供暖通风与空气调节设计规范》GB 50736—2012；

《建筑机电工程抗震设计规范》GB 50981—2014；

《建筑设计防火规范（2018 年版）》GB 50016—2014；

《车库建筑设计规范》JGJ 100—2015；

《消防技术规范难点问题操作技术指南》。

本工程的方案、扩初建设及其批复，建设单位提供的有关设计依据和相关专业提供的设计图纸和资料。

（3）通风设计

1）二等人员掩蔽部

设置三种通风方式信号显示装置，详细见电气图纸。

时设三种通风方式：清洁通风、滤毒通风、隔绝通风。

① 清洁通风：风量≥5.1m³/（h·p）。

② 滤毒通风：风量≥2.1m³/（h·p）。

③ 隔绝通风：防护时间大于 3h，最小防毒通道换气次数大于 40 次/h，保持正压大于30Pa，二氧化碳浓度≤2.5%，氧气浓度≥18%。

2）防化设计

人员掩蔽部防化级别：丙级；电站控制室防化级别：丙级；发电机房无防化。

3）通风相应计算结果见表5.6（单元建筑面积670.81m²，掩蔽人员数 $n=491$ 人）

表5.6

通风相应计算结果

参数	清洁通风量	滤毒通风量1	滤毒通风量2	隔绝防护时间	实际最小防毒通道换气次数校核	超压排气活门个数
防护单元1	$L_1=2505\text{m}^3/\text{h}$	$L_2=1032\text{m}^3/\text{h}$ $L_{\text{滤毒}}=\max(L_2,L_2')$	$L_2'=1825\text{m}^3/\text{h}$	6.7h>3h	49次/h,满足要求	3个

（4）平时与特殊时期转换系统设计

特殊时期使用的及平时与特殊时期两用的通风口防护设施必须一次性安装到位，其他严格按照当地相关主管部门的要求进行安装。特殊时期前完成各设备转换调试。特殊时期送排风管，应尽量利用平时风管，通过相关转换阀门进行转换。若即将发生相关情况，根据图纸关闭平时设备相应转换阀门，打开特殊时期转换阀门，进行系统调试，并检测油网过滤器的有效性，方式转换详见设计原理图。

2. 施工说明

（1）施工依据

《通风与空调工程施工质量验收规范》GB 50243—2016 等。

（2）特殊时期通风安装

1）风管管材

均采用3mm厚钢板焊接成型的圆形风管，抗力和密闭防毒性能必须满足特殊时期的需要。口部染毒区风管应向外设置0.5%的坡度，圆形风管及所有铁件除锈后，内外壁均刷红丹底漆二道，外壁复刷灰色调合漆二道。方形风管材质及安装方法同平时通风风管，详见平时暖通施工说明。

2）风管安装

当管道穿越密闭隔墙时，必须预埋带有密闭翼环的密闭穿墙短管，密闭翼环可采用2～3mm厚的钢板制作，密闭肋与短管的结合部位应双面满焊，钢板应平整，翼高为30～50mm。染毒区的通风管应采用焊接连接，在管道与设备之间连接法兰衬以密封橡胶垫圈，不可漏气，通风管道与密闭阀应采用带密闭槽的法兰连接，法兰垫圈应采用整圈无接口橡胶密封圈。

穿过防护密闭墙的通风管应采取可靠的防护密闭措施，并应在土建施工时一次预埋到位，穿墙中心加2～3mm厚钢板的密闭翼环（环翼30～50mm），预埋管两侧伸出墙面距离应大于100mm，符合相关规定。

3）密闭阀门的安装

密闭阀门的安装应符合下列规定：

① 安装前应进行检查，其密闭性能应符合产品技术要求。

② 安装时阀门上的箭头标志方向应与冲击波方向一致，开关指示针的位置与阀门板的实际开关位置应相同，启闭手柄的操作位置应准确。

③ 阀门应用吊钩或支架固定，吊钩不得掉在手柄及锁紧在装置上。

④ 在每个口部的防毒通道，密闭通道的防护密闭门门框墙、密闭门门框墙上设DN50mm热镀锌钢管的气密测量管，管的两端在特殊时期应有相应的防护密闭措施，可与电气预埋备用管合用，穿密闭墙作法见电气要求。

4）风机的安装

管道风机当采用减震吊架安装时，风机与减震吊架连接应紧密，牢固可靠；当采用支、托架安装时，风机与减震器及支架、托架连接紧密、牢固可靠。

5）过滤设备安装

过滤器、过滤吸收器的安装方向必须正确。设备与管路连接时，宜采用整体性的橡皮软管接头，不得漏气，固定支架应平整稳定，过滤器、过滤吸收器的安装应固定牢固。

6）系统试验

系统试验应符合下列规定：

（1）防毒密闭管路及密闭阀的气密性试验：充气加压 5.06×10^4 Pa，保持 5min 不漏气。

（2）过滤吸收器气密性试验：充气加压 1.0×10^4 Pa 后，5min 内下降值不大于 660Pa。

（3）超压排气活门安装时，应清除密面的杂物，并衬以 5mm 厚的橡胶垫圈，螺栓应均匀旋紧。

7）其他

本工程所选用的各通风设备，必须是具有相关专用设备生产资质厂家生产的合格产品。本说明未详之处请按国家有关规范执行。

3. 设计选用图集（表5.7）

设计选用图集   表5.7

图名	图集号	页码	图号	图集号	页码
通风机安装图	12K101-1~4	—	油网滤尘器安装图	07FK02	P4~14
金属、非金属风管支吊架	19K112	—	滤毒室换气堵头详图	07FK02	P26
防排烟系统设备及附件选用与安装	07K103-1~2	—	超压测压装置安装图	07FK02	P55~56
			测压管、增压管详图	07FK02	P58
管道阀门选用与安装	21K201	—	DJF-1型电动、脚踏两用风机安装图	07FK02	P46
风阀选用与安装	07K120	—			
通风机附件安装	K110-1~3	—	钢制法兰、柔性接头	07FK02	P25
风管穿密闭墙做法详图	07FK02	P48	超压排气活门安装图	07FK02	P31~35

本工程施工图图例见表5.8；设计原理图如图5.21所示；设备明细表见表5.9；平面图如图5.22所示。

施工图图例 表 5.8

名称	图例	名称	图例
风管向上		电动脚踏两用送风机	
风管向下		过滤吸收器	
风管三通		手动双连杆密闭阀门	
对开多叶调节风阀		轴流风机	
防火阀		超压自动排气活门	
止回风阀		口部气密测量管	
风管软接头		测压装置	
天圆地方		油网滤尘器	
消声弯头		换气堵头	
消声器		风量测量装置	
消声静压箱		离心风机箱	
双层百叶风口		插板阀	

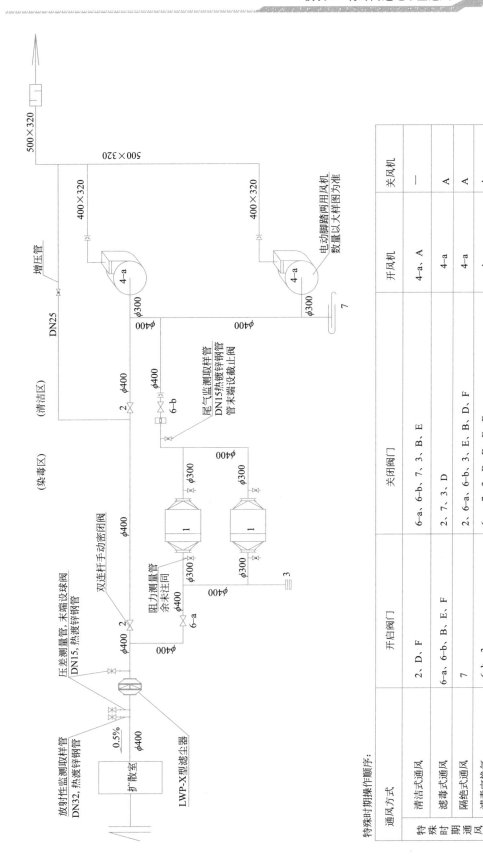

图 5.21　设计原理图（一）

特殊时期操作顺序：

通风方式		开启阀门	关闭阀门	开风机	关风机
特殊时期通风	清洁式通风	2、D、F	6-a、6-b、7、3、B、E	4-a、A	—
	滤毒式通风	6-a、6-b、B、E、F	2、7、3、D	4-a	A
	隔绝式通风	7	2、6-a、6-b、3、E、B、D、F	4-a	A
	滤毒室换气	6-b、3	6-a、7、2、B、D、E、F	4-a	A

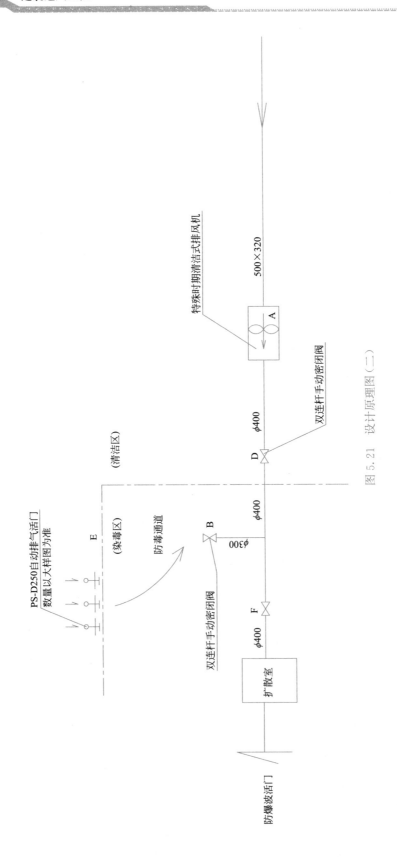

图 5.21 设计原理图（二）

设备明细表

表 5.9

设备位号	名称	型号	备注
F	手动密闭阀	DN400	排风口部
E	自动排气阀	PS-D250	排风口部
D	手动密闭阀	DN400	排风口部
B	密闭短管	DN300	排风口部
A	特殊时期清洁式排风机	SWF(B)-1-2.5	排风口部
8	铜球阀	DN25	进风口部
7	插板阀	DN400	进风口部
6-b	双连杆手动密闭阀	DN400	进风口部
6-a	双连杆手动密闭阀	DN400	进风口部
5	油网过滤器	LWP-X	进风口部
4-a	清洁式通风机	DJF-1	进风口部
4-b	滤毒通风机	JSCB-400、280	进风口部
3	换气堵头	DN400	进风口部
2	双连杆手动密闭阀	DN400	进风口部
1	过滤吸收器	RFP-1000	进风口部

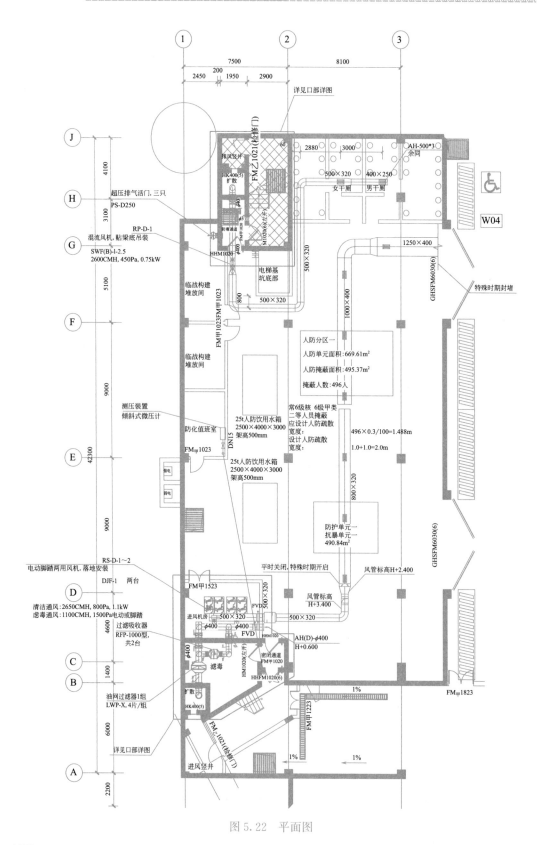

图 5.22　平面图

课后作业

一、预习作业（想一想）

1. 了解特殊功能地下室通风基本工作原理。

2. 了解特殊功能地下室通风系统的相关设备。

二、基本作业（做一做）

1. 整理本次课的课堂笔记。

2. 特殊功能通风各类管线有哪些？有什么作用？安装方面有什么要求？

3. 关于防护通风设备的描述，下列（　　）是错误的。

A. 防爆波活门是阻挡冲击波沿通风口进入工程内部的消波设施

B. 防爆波活门的选择根据工程的抗力级别和清洁通风量等因素确定

C. 防爆超压自动排气活门可用于抗力为 0.25MPa 的排风消波系统

D. 密闭阀是特殊时期通风系统功能转换通风模式的控制部件，只能开关，不能调节风量

4. 平时为汽车库，特殊时期为人员掩蔽所的地下室，关于通风系统做法，下列（　　）是错误的？

A. 应设置清洁通风、滤毒通风和隔绝通风

B. 应设置清洁通风和隔绝防护

C. 暂时应按防护单元设置独立的通风空调系统

D. 穿过防护单元隔墙的通风管道，必须在规定的临战转换时限内形成隔断

5. 请说明图 5.23 中滤毒通风流程。

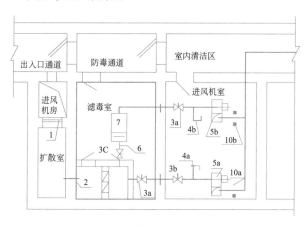

图 5.23

三、提升作业（选做）

1. 请填出图 5.24 中方框中各个设备/阀门/附件的名称：

① _____　　② _____　　③ _____

④ _____　　⑤ _____　　⑥ _____

⑦ _____。

2. 写出滤毒排风的流程。

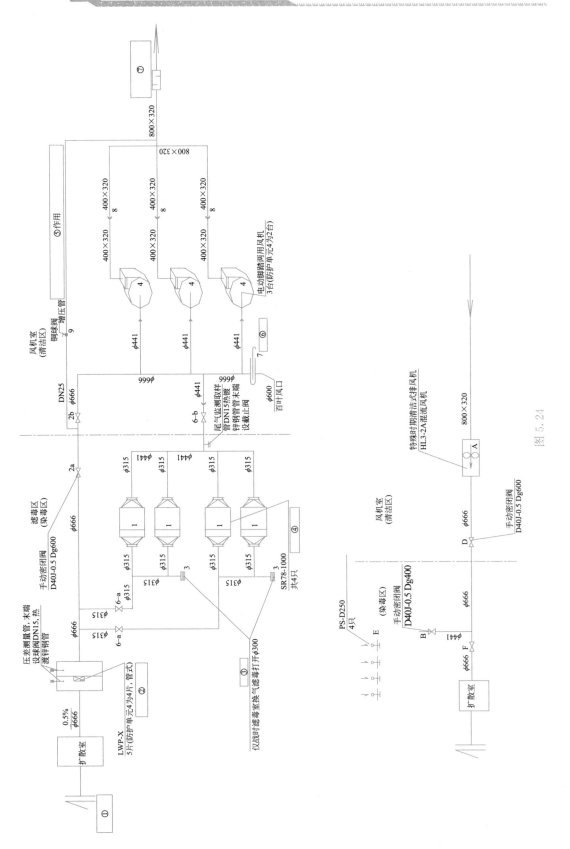

图 5.24

模块6

Chapter 06

隧道及地铁通风

任务6.1 隧道通风

教学目标

1. 认知目标
① 了解隧道通风的基本概念、构成及作用；
② 掌握隧道通风的分类：自然通风、机械通风；
③ 了解施工隧道通风基本方式；
④ 了解营运隧道的通风方式的设计；
⑤ 掌握城市交通隧道防排烟系统。

2. 能力目标
让学生了解隧道通风原理和相关设备及隧道通风的重要性，培养学生综合思考能力；学以致用。

3. 情感培养目标
授课过程中结合爱国主义教育、思想政治教育、革命传统教育；树立正确的职业道德观，深刻意识岗位工作中爱岗敬业的重要性。

4. 情感培养目标融入
结合我国现代城市的发展和隧道通车相关新闻、视频，展示中国现代化城市的崛起，增强民族自豪感，感受国家的强大。

教学重点

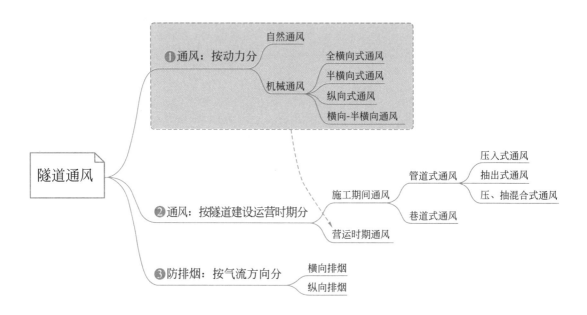

教学难点

本任务以概念和应用为主，再加上有前面的通风知识为基础，难度不高，学生可以理解并掌握。

随着我国经济水平的不断提高和综合国力的提升，城市建设中对地下空间的开发利用得到空前的发展，建设了大量公路隧道以及地下轨道交通。隧道中来往的汽车会排放 CO、CO_2、NO_X、SO_2 等有害气体以及扬起路面的粉尘；地铁内建筑材料会挥发出甲醛等污染源，车轮与轨道摩擦时会产生灰尘颗粒物以及人体散发的大量异味和 CO_2 等，使得地下空间的空气质量变得非常糟糕。因此，需要导入新鲜空气来置换地下空间被污染的空气，降低污染空气对人体有害的物质浓度，从而保证人体健康和车辆行驶安全。

地下工程的通风方式，按通风动力又分为两种：（1）自然通风。利用工程外部空气流通造成的风压和由工程内外空气温度与其出入口间的高差造成热压，这种自然形成的压差能作为通风换气的动力。自然通风比较经济，但受季节、风向和风速的影响，还受洞口朝向、高差和工程建筑形式等的限制，只能有条件的利用。当地下工程为通道式，且洞体不长，对温湿度要求不高时，如短隧道、地下仓库、地下锅炉房和地下电厂等，可以考虑采用。（2）机械通风。以机械设备（如通风机）产生的风压作为通风换气的动力，控制进、排风量，进行空气的加热、冷却、加湿、降湿和净化处理，充分发挥通风（包括空气调节）技术的效能，适用在空气环境要求高或通风阻力较大的场合。

6.1.1　公路隧道通风概述

为稀释隧道内汽车行驶时排出的 CO 等有害气体和烟雾，使之满足通风卫生标准，同时保证工程对环境影响均满足环保要求，并为行车安全提供必要的新鲜空气，有必要进行隧道通风。按通风动力来源不同，隧道通风可分为自然通风和机械通风。按照隧道建设和运营的两个时期，又可将隧道通风分为施工期间通风和营运期间通风。不同的通风方式，对隧道安全营运有着不同的影响。

1. 自然通风

该通风方式不设置专门的通风设备，它利用汽车行驶时的活塞作用或者洞口间的自然压力差，把有害气体和烟尘从隧道内排出洞外而达到通风目的的。

当隧道内的自然风向与汽车行驶方向相同时，自然风是助力作用，排出有害气体的速度较快；当自然风向与汽车行驶方向相反时，自然风是阻力作用，排出有害气体的速度则慢。

不稳定的自然风对单向交通的隧道影响较小；即使隧道很长，对于单向行驶的隧道也有足够的通风能力。但双向交通的隧道则较为复杂，自然风对部分行驶的汽车是助力作用，而对另一部分汽车则是阻力作用，两部分的汽车比例很难确定，加之自然风的不稳定性，更加深了自然通风问题的复杂程度。故双向交通的隧道适用的隧道长度受到限制，一般不考虑自然通风。

2. 机械通风

自然通风不能满足隧道内通风排烟的要求时，就采用机械通风。长大隧道施工期间几乎全部采用机械通风。

6.1.2 施工隧道通风方式

由于隧道在掘进施工时，岩体爆破而产生炮烟及粉尘，还有放出的有害气体。为保持良好的气候条件，必须对隧道工作面进行通风，即向工作面送入新鲜风流以及排除含有烟尘的污染空气，这种通风方式被称为施工隧道通风。该通风方式可分为管道式通风和巷道式通风。管道式通风又可分为压入式、抽出式及压、抽混合式。

1. 管道式通风

（1）压入式通风

如图6.1所示，送风机和启动装置安装在距离隧道口30m以外的新鲜空气处，风机把新鲜空气经风管压送到开挖工作面，污染气流沿隧道排出。该风管为柔性风管，成本较低；其缺点是污染气流流经整条隧道后排出洞外。一般无轨运输施工的隧道多采用此种通风方式。

图6.1 压入式通风示意

（2）抽出式通风

如图6.2所示，排风机和启动装置安设在距隧道口30m以外的下风向，污浊空气经风管由风机抽出，新鲜空气沿隧道流入。此种通风方式将工作面的污浊空气直接经风管抽出洞外，保证了整条隧道的空气清洁，对保护人体健康有利。主要适用于有轨运输施工的隧道。它的缺点是采用了刚性风管，并且在瓦斯隧道中需要配备防爆风机，成本比较高。

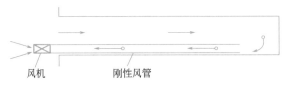

图6.2 抽出式通风示意

另外，与抽出式通风方式相似的有压出式通风（图6.3），排风机放置在隧道内，因管内风压为正，它常使用柔性风管，但此方式开挖时，风机随工作面的推进需要不断前移，并且放炮时飞石易击坏通风设备，一般不使用。

图6.3 压出式通风示意

（3）压、抽混合式通风

它是由压入式和抽出式联合工作，兼有二者的优点，它既能消除工作面的炮烟停滞区，又能使炮烟由风管排出，是长隧道施工常用的通风方式。具体的布置方式分为长压短抽方式和长抽短压方式，后者又分为前压后抽式和前抽后压式。压、抽混合式通风示意如图 6.4 所示。

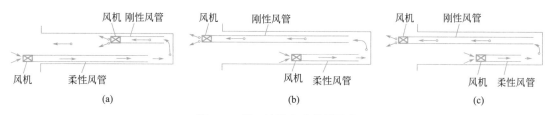

图 6.4　压、抽混合式通风示意

（a）长压短抽方式；（b）前压后抽式；（c）前抽后压式

长压短抽方式是以压入式通风为主，靠近工作面一段用抽出式通风，并要配备除尘装置。这种方式一般用在开挖工作面粉尘特别多的工程，系统采用柔性风管，成本较低，但除尘器会经常随风管移动，除尘效果差时，未除掉的微尘和污风会使全隧道受到污染。在隧道施工中很少采用此种通风方式。

前压后抽式，以抽出式通风为主，靠近工作面设一段压入式通风。此通风方式可使整条隧道不受烟尘污染，但因系统使用刚性风管，成本较高。该通风方式较适用于有轨运输施工的隧道。

前抽后压式，以抽出式通风为主，抽出风管口靠近工作面，巷道中设一段压入式风管，其出风口在抽出风口后边。其优缺点与前压后抽式相同，只是此通风方式一般在井巷工程中应用。

2. 巷道式通风

该通风（图 6.5）主要是针对在长大隧道施工中开设各种辅助坑道的情况而实施的，如平行导洞（简称平导）、斜井、竖井和钻孔等。如果没有辅助坑道施工通风，只能选择前面所介绍的几种管道式通风；如果设有辅助坑道，则施工通风就要针对不同的辅助坑道并根据施工方法和设备条件等选择不同的通风方式。充分利用辅助坑道进行施工通风，将会大大缩短独头通风的距离，降低施工成本。

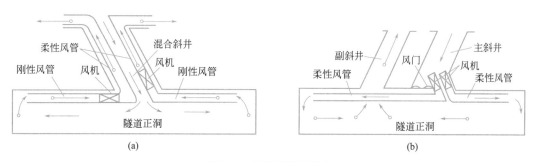

图 6.5　巷道式通风示意

（a）混合斜井通风示意；（b）主、副斜井通风示意

6.1.3 营运隧道的通风方式

公路隧道在营运期间，来来往往的汽车排出的废气对人体是有害的，其主要成分是CO、CO_2、烟雾、余热等。通过相关实验分析得出，将汽车排出的CO稀释到允许浓度时，NOx等远远低于它们相应的允许浓度。也就是说，只要保证CO浓度排放达标，其他有害物即使有一些分布不均匀，也有足够的安全倍数保证将其通过排风带走，因此把CO作为有害物的主要指标。同时，汽车行驶时扬起的路面粉尘，也会在隧道内造成空气污染，降低能见度，从而影响行车安全。营运隧道通风的目的就是导入新鲜的空气来置换隧道内汽车排放的废气，降低对人体有害物质的浓度，使它降低到允许的浓度，达到所需要的能见度，从而保证人体健康和车辆行驶安全。隧道通风系统选择时要考虑交通量、隧道长度、气象、地形、环境等诸多因素，同时兼顾供电、照明、通信监控、事故及火灾防范、工程造价和维修保养费用等。

隧道是否设置机械通风，应结合隧道集合条件、交通条件、有无人及气象条件、洞内外环境敏感程度等因素综合考虑，一般可按照下列方法初步判定：（1）对于双向交通隧道，当 $L \cdot N \geqslant 6 \times 10^5$ 时，宜设置机械通风；（2）对于单向交通隧道，当 $L \cdot N \geqslant 3 \times 10^6$ 时，宜设置机械通风。

注：L 表示隧道的长度，m；N 为设计交通量（混合车辆）。

机械通风可分为纵向通风方式、半横向通风方式、全横向通风方式以及在这三种基本方式基础上的组合通风方式，见表6.1。

机械通风方式的种类   表6.1

纵向通风方式	半横向通风方式	全横向通风方式	组合通风方式
1. 全射流 2. 集中送入式 3. 竖（斜）井送排风式 4. 竖（斜）井送排出式 5. 静电吸尘式	1. 送风半横向式 2. 排风半横向式	1. 顶送顶排式 2. 底送顶排式 3. 顶送底排式 4. 侧送侧排式	1. 纵向式的各种组合 2. 纵向-半横向式的组合 3. 半横向式的各种组合 4. 纵向式＋点式集中排烟

1. 纵向式通风

通风机送出（即压入）的新鲜空气，从隧道一端的风道进入车道，推动和稀释污浊空气沿车道纵向流动，向另一端排出洞外。在通风过程中，隧道内的有害气体与烟尘沿纵向流经全隧道。根据采用的通风设备又可分为洞口风道式通风与射流风机通风。

若隧道很长，纵向通风不能满足规范要求时，可采用竖井、斜井、平行导洞等辅助通道，将隧道长度分成几个通风区段，称为分段纵向式通风。按风机供风方式的不同，又可分为吹入式、吸入式、吹吸两用式与吹吸联合式。

纵向通风系统的特点：（1）能充分发挥汽车活塞风作用，所需通风量较小；（2）无额外的通风渠道，隧道断面小，工程费用低，运营费用也较低；（3）靠近送风口空气新鲜，随着空气流动距离越远，污染越严重，污浊空气将在隧道出口端积累，有害物质浓度较高；（4）以隧道作为通风道，规定气流速度较高，汽车驾驶员有不适之感；（5）一旦发生火灾，火势会顺着气流沿纵向蔓延，救援人员不易进入隧道抢救。

车流持续不断的长道路隧道不宜采用纵向式通风，只用于单向行车的短道路隧道。但铁路隧道是间歇地通过列车，污浊空气在隧道出口端积累对行车无影响，故铁路隧道和地下铁道一般采用纵向式通风方式。

在纵向通风方式时，单向交通且长度$L \leqslant 5000m$、双向交通且长度$L \leqslant 3000m$的隧道可采用全射流纵向通风方案。单向交通且长度$L > 5000m$和双向交通且长度$L > 3000m$的隧道，应对隧道运营安全、通风质量、工程造价等综合分析，确定合理的通风方案。

2. 全横向式通风

如图6.6所示，用通风口将隧道分成若干区段，新鲜空气从隧道一侧的通风口横向流经隧道断面空间，将隧道内的有害气体和烟尘稀释后，从另一侧通风口进入风道排出洞外，各通风区段的风流基本上不流至相邻的通风区段，故称为全横向式通风。此种通风方式适合于中、长隧道，是各种通风方式最可靠、最舒适的一种通风方式。

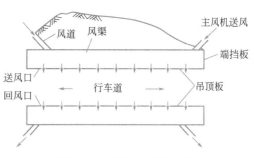

图6.6　全横向式通风示意

全横向式通风的特点：（1）能保持整个隧道全过程均匀的废气浓度和最佳的能见度，新鲜空气得到充分利用；（2）隧道纵向无气流流动，对提升驾驶人员舒适感有利，同时有利于防火；（3）隧道长度不受限制，能适应最大的隧道长度；（4）在所有隧道通风方式中，全横向通风是投资成本最高、运行费用最贵。

横向式通风按照进、排风气流横穿隧道的流向，又可分为：（1）上流式通风。进气风道设在车道下面或侧面，排气风道设在车道的上面，车道中的气流向上流动，一般用于圆形道路隧道，利用车道上下空间作为风道；非圆形隧道则进气风道和排气风道都设在车道上面，新鲜空气经进气风道的支风道，从侧壁下部孔口压入车道，气流仍向上流动，斜穿过车道被吸入排气风道中。（2）侧流式通风。风道设在车道两侧，新鲜空气经一边侧壁进气孔压入车道，由另一边侧壁排气孔吸入排气风道，多用于沉管法施工的水底道路隧道。

3. 半横向式通风

隧道内只设一条风道，一般用来进风。新鲜空气横向进入车道，污浊空气则沿车道纵向流动，自两端隧道口溢出，此种通风方式一般可用于中型隧道，排出洞外（图6.7）。

半横向式通风系统的机房通常安排在隧道两端出口处，由于沿隧道长度均设置通风口，隧道中可获得较均匀的废气浓度。

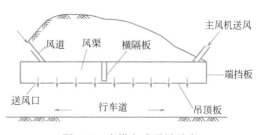

图6.7　半横向式通风示意

但对于单管、单车道、单向行驶的隧道而言，由于车流的活塞效应，其废气浓度仍然是从隧道一端向另一端逐渐增加的。

半横向式通风系统的特点：（1）该通风方式最大的优点是隧道一旦发生火灾，送风机工作模式改为吸出式，同时火灾点附近的送风口闸门全部打开，其他的送风口闸门则关闭，这样风流只能从火灾点附近的送风口进入风区，从而防止火灾蔓延；（2）相对全横向式通风，其工程投资、设备费用和运行管理费用有很大降低；（3）送风渠道和车道之间保持一定的压差，抵消了交通活塞风和自然风的影响，从而保证了均匀送风，使得沿车道长度有害气体的浓度分布均匀，但单向行驶的汽车不能有效的利用交通活塞风的作用；（4）由于半横向式通风系统是将全隧道分成两个独立的通风区段，送入新鲜的空气分别从两端洞口排出，理论上在隧道里存在一个中心面，该面的通风效果较差；（5）土建结构复杂，施工难度大，工期长。

4. 横向-半横向通风

为了降低全横向通风的投资和运行费用，同时又满足较舒适的通风要求，可采用横向-半横向的结合型通风系统。该通风以下列方式安排，将排风量的设计以送风量的50%配备，这样送入隧道的新风仅有50%被排风机吸出，剩下的50%经由隧道口溢出。该通风方式在可获得较舒适的通风状态下，投资成本及隧道营运费用得以降低。

总之，在选择隧道通风方式上应充分结合各通风方式特点，同时考虑以下因素：（1）隧道长度、平曲线半径、纵坡、海拔高程；（2）交通量、交通特性；（3）自然风速、风向、气压等气象条件；（4）地形、地物、地质等环境条件；（5）火灾时通风控制排烟、维护与管理水平；（6）工程造价、运营电力费、维护管理费等以及分期实施的可能性，综合比较后选择较为安全、经济和运营维护方便的通风方式。

6.1.4 城市交通隧道防排烟系统

隧道的空间相对狭小，近密闭状态的特性，导致一旦发生火灾，热烟排除非常困难，往往会因高温而使火势蔓延较快；且致使结构发生破坏。烟气的积聚也导致灭火、疏散困难且火灾延续时间很长。根据对隧道的火灾事故分析，由 CO 导致的人员死亡和因直接烧伤、爆炸及其他有毒气体引起的人员死亡各占约50%。因此，隧道内发生火灾时的排烟是隧道防火设计的重要内容。

通常，采用通风、防排烟措施控制烟气产物及烟气运动可以改善火灾环境，并降低火场温度以及热烟气和热分解产物的浓度，改善视线。但是，机械通风会通过不同途径对不同类型和规模的火灾产生影响，在某些情况下反而会加剧火势发展和蔓延。因此，隧道内的通风、防排烟系统设计，要针对不同隧道环境确定合适的通风、排烟方式和排烟量。

在隧道中，要求避难设施内应设置独立的机械加压送风系统，其送风的余压值应为30～50Pa。

城市交通隧道分为单孔隧道和双孔隧道，按其封闭段长度和交通情况分为四类，具体规定见表6.2。

单孔和双孔隧道分类   表 6.2

用途	一类	二类	三类	四类
	隧道封闭段长度 L（m）			
可通行危险化学品等机动车	$L>1500$	$500<L \leqslant 1500$	$L \leqslant 500$	—
仅限通行非危险化学品等机动车	$L>3000$	$1500<L \leqslant 3000$	$500<L \leqslant 1500$	$L \leqslant 500$
仅限人行或通行非机动车	—	—	$L>1500$	$L \leqslant 1500$

通行机动车的一、二、三类隧道应设置排烟设施；四类隧道因长度较短、发生火灾的概率较低或火灾危险性较小，可不设置排烟设施。隧道内机械排烟系统的设置应符合下列规定：

（1）长度大于3000m的隧道，宜采用纵向分段排烟方式或重点排烟方式。

（2）长度不大于3000m的单洞单向交通隧道，宜采用纵向排烟方式。

（3）单洞双向交通隧道，宜采用重点排烟方式。

1. 排烟方式

排烟方式和通风模式类似，根据气流方向，分为横向排烟和纵向排烟方式以及由这两种基本排烟模式派生的各种组合排烟模式。排烟模式应根据隧道种类、疏散方式，并结合隧道正常工况的通风方式确定，并将烟气控制在较小范围之内，以保证人员疏散路径满足逃生环境要求，同时为灭火救援创造条件。

（1）横向排烟

横向排烟是一种常见的烟气控制方式。排烟和平时隧道通风系统兼用，横向方式通常设置风道均匀排风、均匀补风、半横向方式通常设置风道均匀排风，集中补风或不补风。

重点排烟是横向排烟方式的一种特殊情况，即在隧道纵向设置专用排烟风道，并设置一定数量的排烟口，火灾时只开启火源附近或火源所在设计排烟区的排烟口，直接从火源附近将烟气快速有效地排出行车道空间，并从两端洞口自然补风，隧道内可形成一定的纵向风速。该排烟方式适用于双向交通隧道或经常发生交通阻塞的隧道。

（2）纵向排烟

纵向排烟控制烟气的效果较好。火灾时，迫使隧道内的烟气沿隧道纵深方向流动的排烟形式为纵向排烟模式，是适用于单向交通隧道的一种最常用烟气控制方式，不适用于双向交通的隧道。

该模式可通过悬挂在隧道内的射流风机或其他射流装置、风井送排风设施等及其组合方式实现。纵向通风排烟，且气流方向与车行方向一致时，以火源点为界，火源点下游为烟气区、上游为非烟气区，人员往气流上游方向疏散。

2. 排烟量

隧道试验表明，全横向或半横向排烟系统对发生火灾的位置较敏感，控烟效果不很理想，因此，对于双向通行的隧道，尽量采用重点排烟方式。重点排烟的排烟量应根据火灾规模、隧道空间形状等确定，排烟量不应小于火灾产烟量。隧道中重点排烟的排烟量目前还没有公认的数值，参考道路协会推荐的排烟量（表6.3）。

隧道中重点排烟的推荐排烟量　　　　　　　　　　　　　表6.3

车辆类型	等同燃烧汽油盘面积（m²）	火灾规模（MW）	排烟量（m³/s）
小客车	2	5	2
公交/货车	8	20	60
油罐车	30～100	100	100～200

3. 其他规定

机械排烟系统与隧道的通风系统宜分开设置。合用时，合用的通风系统应具备在火灾时快速转换的功能，并应符合机械排烟系统的要求。隧道内用于火灾排烟的射流风机，应至少备用一组。

隧道内设置的机械排烟系统应符合下列规定：

1）采用全横向和半横向通风方式时，可通过排风管道排烟。

2）采用纵向排烟方式时，应能迅速组织气流、有效排烟，其排烟风速应根据隧道内的最不利火灾规模确定，且纵向的速度不应小于2m/s，并应大于临界风速。

3）排烟风机和烟气流经的风阀、消声器、软接等辅助设备，应能承受设计的隧道火灾烟气排放温度，并应能在250℃下连续正常运行不小于1.0h。排烟管道的耐火极限不应低于1.0h。

课后作业

一、预习作业（想一想）

1. 了解隧道通风构成。

2. 了解隧道通风的作用。

3. 了解压入式通风和抽出式通风风管的特点。

二、基本作业（做一做）

1. 整理本次课的课堂笔记。

2. 隧道运营机械通风有哪些通风方式？

3. 在纵向通风方式时，单向交通且长度（　　）、双向交通且长度（　　）的隧道可采用全射流纵向通风方案。

A. $L \leqslant 3000m$，$L \leqslant 3000m$　　　　　　B. $L \leqslant 3000m$，$L \leqslant 5000m$

C. $L \leqslant 5000m$，$L \leqslant 5000m$　　　　　　D. $L \leqslant 5000m$，$L \leqslant 3000m$

4. 对于双向交通隧道，当（　　）时，宜设置机械通风。

A. $L \cdot N \geqslant 6 \times 10^3$　　　　　　　　　B. $L \cdot N \geqslant 6 \times 10^4$

C. $L \cdot N \geqslant 6 \times 10^5$　　　　　　　　　D. $L \cdot N \geqslant 6 \times 10^6$

5. 对于单向交通隧道，当（　　）时，宜设置机械通风。

A. $L \cdot N \geqslant 3 \times 10^6$　　　　　　　　　B. $L \cdot N \geqslant 3 \times 10^5$

C. $L \cdot N \geqslant 3 \times 10^4$　　　　　　　　　D. $L \cdot N \geqslant 3 \times 10^3$

6. 隧道的避难设施内应设置独立的机械加压送风系统，其送风的余压值应为（　　）。

A. 30～40Pa　　　　　　　　　　　B. 40～50Pa

C. 35～54Pa　　　　　　　　　　　D. 30～50Pa

7. 下列不属于隧道排烟模式的是（　　）。

A. 纵向排烟　　　　　　　　　　　B. 横向排烟

C. 竖向排烟　　　　　　　　　　　D. 重点排烟

8. （　　）排烟方式适用于单管双向交通或交通量大、堵塞发生率较高的单向交通隧道。

A. 纵向排烟　　　　　　　　　　　　B. 横向排烟

C. 竖向排烟　　　　　　　　　　　　D. 重点排烟

10.（多选）施工隧道通风有（　　）方式。

A. 管道式通风　　　B. 巷道式通风　　　C. 纵向式　　　　　D. 半横向式

E. 全横向式

11.（多选）纵向通风系统的特点有（　　）。

A. 能充分发挥汽车活塞风作用　　　　　B. 所需通风量较小

C. 无额外的通风渠道，隧道断面小

D. 工程费用低，运营费用也较低

E. 以隧道作为通风道，规定气流速度较低

12.（多选）选择隧道通风方式上应充分结合各通风方式特点，同时考虑（　　）。

A. 交通量、交通特性

B. 隧道长度、平曲线半径、纵坡、海拔高程

C. 自然风速、风向、气压等气象条件

D. 火灾时通风控制排烟、维护与管理水平

E. 工程造价、运营电力费、维护管理费等以及分期实施的可能性

任务 6.2　地铁通风

教学目标

1. 认知目标

① 了解地铁中的污染源，掌握地铁通风基本原理；

② 了解地铁通风系统基本参数确定及通风量确定；

③ 掌握地铁防排烟系统的设置；

④ 掌握地铁通风施工图识读及施工方案。

2. 能力目标

让学生了解地铁通风，培养学生对地铁通风图纸识读能力；培养学生地铁通风管道施工及管理能力；培养学生责任意识，安全生产，形成爱岗敬业观念。

3. 情感培养目标

将地铁通风教学与严谨的工作态度、安全意识及保证公共场所卫生质量相结合；提高学生正确认识问题、分析问题和解决问题的能力；培养学生吃苦耐劳的奉献精神。

4. 情感培养目标融入

结合地铁相关新闻或视频，引入为铁路发展做出巨大贡献的杰出人物，激发学生科技报国的家国情怀和使命担当，树立社会主义核心价值观。

教学重点

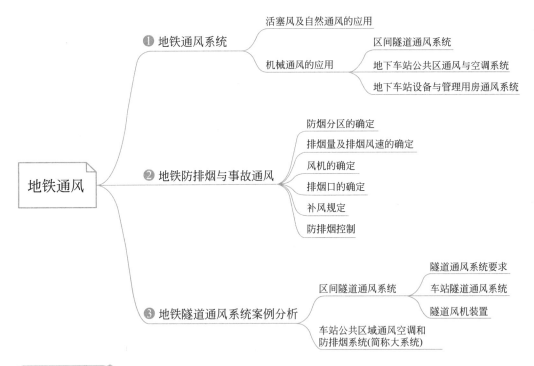

地铁通风
- ① 地铁通风系统
  - 活塞风及自然通风的应用
  - 机械通风的应用
    - 区间隧道通风系统
    - 地下车站公共区通风与空调系统
    - 地下车站设备与管理用房通风系统
- ② 地铁防排烟与事故通风
  - 防烟分区的确定
  - 排烟量及排烟风速的确定
  - 风机的确定
  - 排烟口的确定
  - 补风规定
  - 防排烟控制
- ③ 地铁隧道通风系统案例分析
  - 区间隧道通风系统
    - 隧道通风系统要求
    - 车站隧道通风系统
    - 隧道风机装置
  - 车站公共区域通风空调和防排烟系统(简称大系统)

教学难点

（1）地铁通风流程基本原理

在讲这部分内容时，可以要求学生根据流程图写出空气流动的过程。

（2）地铁通风施工图识读

地铁通风施工图识读时，要根据通风基本流程，空气的走向来进行识读，注意流程图和平面图的设备对应。加强学生的空间感，对学生地铁平面图、大样图识读有很大帮助。

随着城市的快速发展，地铁作为一种方便快捷的城市公共交通工具，越来越多的城市开始发展地铁交通系统。由于地铁系统有许多机电设备以及车辆运行发热、乘客散热、新鲜空气带入的热量等，使地铁系统的温湿度逐步提高，若不能很好地解决地铁内通风，地铁和地铁站内温度会上升到乘客无法忍受的程度。因此，建立良好的地铁通风系统十分必要，不仅能提供安全舒适的乘车环境，减少能源消耗，而且能够降低地铁系统的建设、投资和运行效益。

6.2.1 地铁中的污染源

1. 地铁站台及车辆使用了大量装饰材料和保温材料，这些材料会直接向车站及车厢释放出多种化学污染物。

2. 地铁车辆内高度密集的人群会释放出大量异味和 CO_2，并产生各种微生物细菌；

同时也会带入大量湿热与噪声。

3. 地铁内灰尘多，加上通风不良、日光不足，细菌等生物污染在此环境下会长久存活并进行传播。

4. 列车运行过程中产生大量的热会被带入车站，列车及各种设备运行产生的噪声也不易消除。

5. 地铁周围土壤通过地铁围护结构向车站内的渗湿量较大。

及时排除地铁内污染空气及热量和湿量，输入外界新鲜空气，对保证地铁内部的空气温度、空气湿度、气流速度和空气质量具有重大意义。

6.2.2　地铁通风系统

地铁地下线路是一条狭长的地下建筑，除各站出入口和通风道口与大气连通以外，可以认为地铁基本是与大气隔绝的。地铁通风空调系统一般分为开式系统、闭式系统和屏蔽门式系统。根据使用场所不同、标准不同，又分成区间隧道通风系统、车站通风空调系统和车站设备管理用房通风空调系统。开式系统是应用机械或活塞效应的方法，使地铁内部与外界交换空气，利用外界空气冷却车站和隧道。这种系统多用于当地最热月的月平均温度低于25℃，且运量较少的地铁系统。

《地铁设计规范》GB 50157—2013规定，地铁列车在区间隧道运行过程中，需要保证乘客生理健康所需要的空气环境条件，因此规定区间内，隧道内的空气 CO_2 的日平均浓度不应小于 1.5‰。同时，车上乘客对外界新风的要求也需要予以满足。

1. 活塞通风及自然通风的应用

地铁列车在隧道内高速运行时，会产生活塞效应，或者当区间隧道设置有适当数量和截面积足够大的通道与地面连通时以及列车在地面或高架线运行时，自然通风可以有效排除地铁内部产生大量的热量。

当列车的正面与隧道断面面积之比（称为阻塞比）大于 0.4 时，由于列车在隧道中高速行驶，如同活塞作用，使列车正面的空气受压，形成正压，列车后面的空气稀薄，形成负压，由此产生空气流动。活塞通风风量的大小与列车在隧道内的阻塞比、列车行驶速度、列车行驶空气阻力系数、空气流经隧道的阻力等因素有关，利用活塞风来冷却隧道，需要与外界有效交换空气。据资料分析，当系统布置合理时，每列列车产生的活塞风量约 $1500\sim1700m^3$。应优先考虑应用活塞风量以节省大量的电力消耗。对于全部应用活塞风来冷却隧道的系统来说，应计算活塞风井的间距及风井断面尺寸，使有效换气量达到设计要求。

但活塞效应所产生的换气量是有限的，而且在地铁的实际建设中，经常受到周边环境的影响，导致活塞风道无法修建，因此全活塞通风系统只有早期的地铁应用；或由于风亭出口位置导致活塞风道长度过大，以致活塞效应失败。因此，当单靠活塞效应不能满足排除隧道内的余热以及不具备有效的自然通风条件时，应设置机械通风系统。

2. 机械通风的应用

（1）区间隧道通风系统

区间隧道正常通风应采用活塞通风，当活塞通风不能满足排除余热要求或布置活塞通风道有困难时，应设置机械通风系统。区间隧道通风系统的进风应直接采自大气，排风应直接排出地面。区间隧道一般为纵向的送排风系统，系统应同时具备排烟功能，区间隧道较长时宜在区间隧道中部设置中间风井。根据区间隧道内乘客流量，区间隧道内所供应的新鲜空气量按照每乘客每小时不少于 12.6m³ 的标准。

在计算隧道通风风量时，室外空气计算温度应符合下列规定：夏季应为近 20 年最热月月平均温度的平均值；冬季应为近 20 年最冷月月平均温度的平均值。当需要设置区间通风道时，通风道应设于区间隧道长度的 1/2 处，在困难情况下，其距车站站台端部的距离可移至不小于该区间隧道长度的 1/3 处，但不宜小于 400m。

（2）地下车站公共区通风与空调系统

车站通风一般为横向的送排风系统，系统应同时具备排烟功能。地下车站公共区的进风应直接采自大气，排风应直接排出地面。对于当地气温不高、运量不大的地铁系统，可设置车站与区间连成一体的纵向通风系统，一般在区间隧道中部设中间风井，但应通过计算确定。

当采用通风系统开式运行时，每个乘客每小时需供应的新鲜空气量不应少于 30m³；当采用闭式运行时，其新鲜空气量不应少于 12.6m³，且系统的新风量不应少于总送风量的 10%。当采用空调系统时，每个乘客每小时需供应的新鲜空气量不应少于 12.6m³，且系统的新风量不应少于总送风量的 10%。

当活塞风对车站有明显影响时，应在车站的两端设置活塞风泄流风井或活塞风迂回风道。站厅和站台的瞬时风速不宜大于 5m/s。当地下车站公共区通风机或车站排热风机与区间隧道风机合用时，在正常工况下风机应实现节能运行，并应满足区间隧道各种工况下对风机的风量和风压的要求。

闭式系统在地铁内部基本上与外界大气隔断，仅供给满足乘客所需的新鲜空气。车站一般采用空调系统，而区间隧道的冷却是借助于列车运行的活塞效应，携带一部分车站空调冷风来实现。

在车站的站台与行车隧道间安装屏蔽门将其分隔开，车站成为单一的建筑物，它不受区间隧道行车时活塞风的影响。车站安装通风空调系统（此时隧道用通风系统，机械通风或活塞通风或两者兼用），此时屏蔽门系统的车站空调冷负荷仅为开式系统的 22%～28%，由于车站与行车隧道隔开，减少了运行噪声对车站的干扰，不仅使车站环境较安静舒适，也使旅客更为安全。

（3）地下车站设备与管理用房通风系统

车站设备管理用房主要包括车站控制室、站长室、站务室、卫生间等运营管理用房和通信机房、信号房、变电所、环控机房等设备用房。根据各设备管理用房的不同使用功能要求，结合实际建筑分布情况，对此部分房间进行分类，大致可划分为三类：第一类，如车站控制室、会议室等主要管理用房均需设置舒适性空调，以满足人员和设备的需求。第二类，如通信室、信号机房等可采用全空气系统。第三类，如卫生间等可采用全通风系统，采用送排风机，通过风管和防火阀对此类房间进行通风换气。

地下车站设备与管理用房内每个工作人员每小时需供应的新鲜空气量不应少于 30m³，且空调系统新风量不应少于总风量的 10%。当尽端线、折返线设备与管理用房通风系统需由隧道内吸风时，吸风口应设在列车进站一侧，排风口应设在列车出站一侧。吸风口应设有滤尘装置。地下车站设备与管理用房内的 CO_2 日平均浓度应小于 1.0‰。各设备用房的换气次数见表 6.4。

各设备用房的换气次数　　　　　　　　　　　　　　　　　　　表 6.4

房间名称	冬季 计算温度(℃)	夏季 计算温度(℃)	夏季 相对湿度(%)	小时换气次数 进风	小时换气次数 排风
站长室、站务室、值班室、休息室	18	27	＜65	6	6
车站控制室、广播室、控制室	18	27	40～60	6	5
售票室、票务室	18	27	40～60	6	5
车票分类室/编码室、自动售检票机房	16	27	40～60	6	6
通信设备室、通信电源室、信号设备室、信号电源室、综合监控设备室	16	27	40～60	6	5
降压变电所、牵引降压混合变电所	—	36	—	按排除余热计算风量	
配电室、机械室	16	36		4	4
更衣室、修理间、清扫员室	18	27	＜65	6	6
公共安全室、会议交接班室	18	27	＜65	6	6
蓄电池室	16	30	—		6
茶水室	—	—	—		10
盥洗室、车站用品间	—	—	—	4	4
清扫工具间、气瓶室、储藏室	—	—	—		4
污水泵房、废水泵房、消防泵房	5	—	—		4

6.2.3　地铁防排烟与事故通风

根据国内外资料统计，地铁发生火灾时造成的人员伤亡，绝大多数是被烟气熏倒、中毒、窒息所致。因此有效的防烟、排烟已成为地铁发生火灾时救援的重要组成部分。

由于地铁对外连通的口部相对来说是比较少的，一旦发生火灾，浓烟很难自然排除，并会迅速蔓延充满隧道，给救援工作带来极大的困难，同时由于人员要在狭长的隧道中撤离，需经过较长的路程才能到达口部，浓烟充满隧道会使可见度较低，人员不易行走，未到达口部就会被烟气熏倒。较好的方法是使人、烟分向流动，用机械排烟设备使烟气在隧道内顺着一个方向流动并排出地面，人员从另一个方向撤离，这样才易于脱险。

《地铁设计防火标准》GB 51298—2018 与《地铁设计规范》GB 50157—2013 中均提到地下车站及区间隧道内必须设置防烟、排烟系统。下列场所应设置机械防烟、排烟设施：

（1）地下车站的站厅和站台。

（2）连续长度大于 300m 的区间隧道和全封闭车道。

（3）防烟楼梯间和前室。

下列场所应设置机械排烟设施：

（1）同一个防火分区内的地下车站设备与管理用房的总面积超过 200m²，或面积超过 50m² 且经常有人停留的单个房间。

（2）最远点到车站公共区的直线距离超过 20m 的内走道；连续长度大于 60m 的地下通道和出入口通道。

（3）连续长度大于一列列车长度的地下区间和全封闭车道。

《地铁设计规范》GB 50157—2013 中规定，连续长度大于 60m，但不大于 300m 的区间隧道和全封闭车道宜采用自然排烟；当无条件采用自然排烟时，应设置机械排烟。地面和高架车站应采用自然排烟；当确有困难时，应设置机械排烟。

1. 防烟分区

地下车站的公共区以及设备与管理用房，应划分防烟分区，且防烟分区不得跨越防火分区。站厅与站台的公共区每个防烟分区的建筑面积不宜超过 2000 m²，设备与管理用房每个防烟分区的建筑面积不宜超过 750m²。防烟分区可采取挡烟垂壁等措施。公共区扶梯穿越楼板的开口部位、公共区吊顶与其他场所连接处的顶棚或吊顶面高差不足 0.5m 的部位，应设挡烟垂壁。挡烟垂壁划分防烟分区的建筑结构，应为不燃材料，且耐火极限不应低于 0.5h，凸出顶棚或封闭吊顶不应小于 0.5m，挡烟垂壁的下缘至地面楼梯或扶梯踏步面的垂直距离不应小于 2.3m。

2. 排烟量及排烟风速的确定

地下车站站台、站厅火灾时的排烟量，应根据一个防烟分区的建筑面积按 1m³/(m²·min)［即 60m³/(m²·h)］计算。当排烟设备需要同时排除两个或两个以上防烟分区的烟量时，其设备能力应按排除所负责的防烟分区中最大的两个防烟分区的烟量配置。当车站站台发生火灾时，应保证站厅到站台的楼梯和扶梯口处具有能够有效阻止烟气向上蔓延的气流，且向下气流速度不应小于 1.5m/s。

地下车站的设备与管理用房、内走道、长通道和出入口通道等需设置机械排烟时，其排烟量应根据一个防烟分区的建筑面积按 1m³/(m²·min)［即 60m³/(m²·h)］计算，排烟区域的补风量不应小于排烟量的 50%。当排烟设备负担两个或两个以上防烟分区时，其设备能力应根据最大防烟分区的建筑面积按 2m³/(m²·min) 计算的排烟量配置。

区间隧道火灾的排烟量，应按单洞区间隧道断面的排烟流速不小于 2m/s 且高于计算的临界风速计算，但排烟流速不得大于 11m/s。

列车阻塞在区间隧道时的送排风量，应按区间隧道断面风速不小于 2m/s 计算，并应按控制列车顶部最不利点的隧道温度低于 45℃校核确定，但风速不得大于 11m/s。

防烟分区排烟量和排烟系统排烟量的计算应与国家及行业最新标准的规定保持一致，应注意规范更新带来的影响（注：在以前图纸设计说明中，排烟风机的风量按所负担防烟分区中最大一个防烟分区的排烟量、风管的漏风量、其他防烟分区排烟口或排烟阀的漏风量之和计算，排烟风机选型系数不小于 1.2）。

3. 排烟风机确定

区间隧道、地下车站公共区和车站设备与管理用房排烟风机，应保证在 280℃时能连续有效工作 1h；烟气流经的风阀及消声器等辅助设备应与风机耐高温等级相同。

地面及高架车站公共区和设备与管理用房排烟风机应保证在 280℃时能连续有效工作 0.5h，烟气流经的风阀及消声器等辅助设备应与风机耐高温等级相同。

4. 排烟口确定

机械排烟系统中的排烟口和排烟阀的设置应符合下列规定：排烟口和排烟阀应按防烟分区设置；防烟分区内任一点至最近排烟口的水平距离不应大于 30m，当室内净高大于 6m 时，该距离可增加至 37.5m；排烟口底边距挡烟垂壁下沿的垂直距离不应小于 0.5m，水平距离安全出口不应小于 3m；排烟口的风速不宜大于 7m/s；正常为关闭状态的排烟口和排烟阀，应能在火灾时联动自动开启；建筑面积≤50m² 且需要机械排烟的房间，其排烟口可设置在相邻走道内。

地面和高架车站公共区、设备与管理用房采用自然排烟时，排烟口应设置在上部，其可开启的有效排烟面积不应小于该场所建筑面积的 2%，排烟口的位置与最远排烟点的水平距离不应超过 30m。区间隧道和全封闭车道采用自然排烟时，排烟口应设置在上部，其有效排烟面积不应小于顶部投影面积的 5%，排烟口的位置与最远排烟点的水平距离不应超过 30m。

5. 补风规定

排烟区应采取补风措施：

（1）当补风通路的空气总阻力不大于 50Pa 时，可采用自然补风方式，但应保证火灾时补风通道畅通。

（2）当补风通路的空气总阻力大于 50Pa 时，应采用机械补风方式，且机械补风的风量不应小于排烟风量的 50%，且不应大于排烟量。

（3）补风口宜设置在与排烟空间相通的相邻防烟分区内；当补风口与排烟口设置在同一防烟分区内时，补风口应设置在室内净高 1/2 以下，水平距离排烟口不应小于 10m。

6. 防排烟控制

当对站厅公共区进行排烟时，应能防止烟气进入出入口通道、换乘通道、站台连接通道等临近区域。当对站台公共区进行排烟时，应能防止烟气进入站厅，地下区间、换乘通道等临近区域。当对地下区间进行纵向控烟时，应能控制烟流方向，与乘客疏散方向相反，并应能防止烟气逆流和进入相邻车站、相邻区间。对于设置自动灭火系统的设备用房，其防烟或排烟系统的控制应能满足自动灭火系统有效灭火的需要。

机械防烟系统和机械排烟系统，可与正常通风系统合用，合用的通风系统应符合防烟、排烟系统的要求，且该系统由正常运转模式转为防烟或排烟，运转模式的时间不应大于 180s。

排烟风机应与排烟口（阀）联动，当任何一个排烟口（阀）开启或排风口转为排烟口时，系统应能自动转为排烟状态；当烟气温度大于 280℃时，排烟风机应与风机入口处或干管上的防火阀联动关闭。

6.2.4　地铁隧道通风系统案例分析

本案例选用某城市地铁工程，对地铁通风系统进行分析。

1. 区间隧道通风系统

（1）隧道通风系统要求

车站隧道通风原理如图 6.8 所示，根据隧道通风系统设计要求，本站左右两端均采用双活塞通风模式。车站两端对应于每一条隧道设置一台可逆转运行的隧道风机（共 4 台）和相应的风阀，分别设置在左右隧道风机房内，采用卧式安装。根据系统要求，隧道风机布置既可满足两端的两台隧道风机独立运行，又可以相互备用或同时向同一侧隧道送风或排风。风机前后设有变径管和消声器，以防止风机动力噪声的传播。车站线路两端均设置有效断面积不小于 16m² 的活塞风道，保证正常运行时活塞风的进出。活塞风道、隧道风机均设有相应的组合式风阀，通过风阀的转换满足正常、阻塞、火灾工况的转换。每台风机各设一套震动及温度检测装置，以便及时了解风机的运行状况。

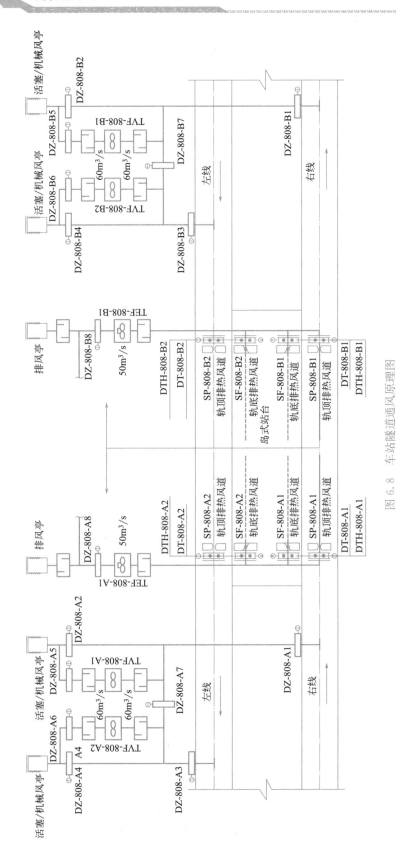

图 6.8 车站隧道通风原理图

车站各活塞风道均预留消声器安装位置和工程量，由消声器生产厂家根据环境影响评价报告核算是否需安装。

隧道风机、射流风机、烟气流经的风道（管）、风阀及消声器等辅助设备均应保证在280℃时能连续有效工作1h。

（2）车站隧道通风系统

车站站台公共区设有全封闭站台门，站台门外隧道区域为"车站隧道"。为保证列车停车时车载空调器的正常运行，车站隧道内设轨顶排风道，对应列车的各个发热点设置排风口，通过区间隧道风机或专用车站隧道排热风机排风。

根据隧道通风系统的要求，在车站隧道内设置排风系统，每条隧道排风量为50m³/s。车站隧道通风系统设置轨顶风道及轨底风道，采用双端排风，在车站两端的排热风道内设置两台车站隧道排热风机，排热风机的排风量为50m³/s，可变频控制，频率按照小时行车对数进行调节，具体见相关图册。轨顶、轨底排风道采用土建式风道。每台风机各设一套震动及轴温检测装置，以便及时了解风机的运行状况。

本站大里程端区间隧道通风机械风口距离车站站台端部轨顶排热风口没有超过一列车长度，无需设置轨顶排烟风道及排烟口。

排热风机、烟气流经的风道（管）、风阀及消声器等辅助设备均应保证在280℃时能连续有效工作1h。

（3）隧道风机装置

隧道通风平面图如图6.9所示，隧道风机装置由隧道风机及其两端的方圆接头和消声器组成。一般情况下，扩压筒长2.2m，消声器对内长2m，对外长3m，方圆接头与风机之间设有软接头。风机要求可实现正反风运行，在280℃下可持续工作1h。风机风量60m³/s，全压900Pa，电机功率90kW。

2. 车站公共区通风空调和防排烟系统（简称大系统）

车站大系统采用变风量一次回风全空气系统。回风管道兼做排烟管道及人防管路。车站公共区分为4个防烟分区。站厅公共区面积大于4000m²，划分三个防烟分区，分别为防烟分区1、2、3，排烟由PY-A1，PY-A2，PY-B1共同负担；站台划分一个防烟分区，为防烟分区4，A号出入口划分为2个防烟分区，排烟由PY-B2负担。本案例以防烟分区1的通风系统（图6.10和图6.11）讲述其通风流程。

站厅公共区防烟分区1面积为1458m³，计算排烟量为87480m³/h，排烟风机PY-A1（分量119800m³/h，全压1000Pa）。若站厅层发生火灾时：车站两端组合式空调器、回排风机均关闭，相应防烟分区的排烟风机（PY-A1、PY-A2、PY-B1）启动，站厅层回排风兼排烟风管上的电动风阀全开，站台层回排风兼排烟风管上电动阀关闭，补风由出入口进入。

站厅排烟管道平时用作排风管道，其中一部分的排风用作空调系统的回风接至KT-A1组合式空调柜，另一部分排风通过排风亭排至室外。通过新风亭进入的新风接至KT-A1组合式空调柜，连同回风经处理后送入车站。图中各符号含义见表6.5。

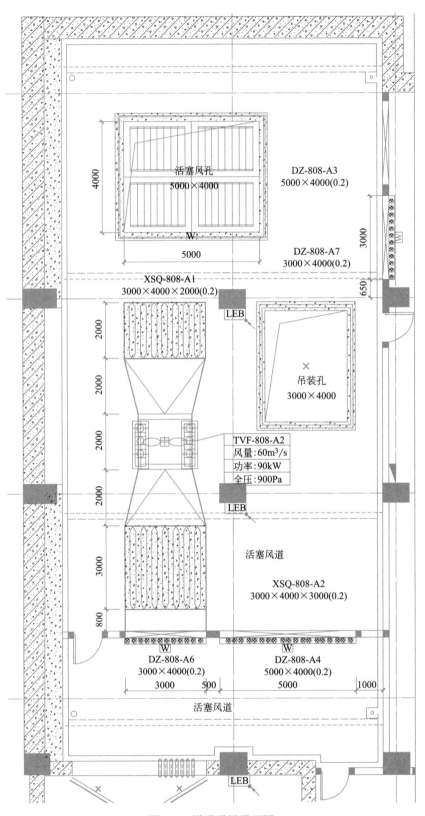

图 6.9 隧道通风平面图

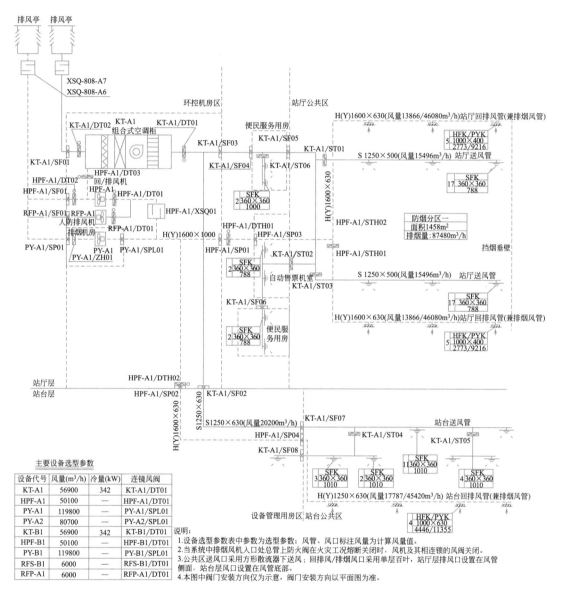

主要设备选型参数

设备代号	风量(m³/h)	冷量(kW)	连锁风阀
KT-A1	56900	342	KT-A1/DT01
HPF-A1	50100	—	HPF-A1/DT01
PY-A1	119800	—	PY-A1/SPL01
PY-A2	80700	—	PY-A2/SPL01
KT-B1	56900	342	KT-B1/DT01
HPF-B1	50100	—	HPF-B1/DT01
PY-B1	119800	—	PY-B1/SPL01
RFS-B1	6000	—	RFS-B1/DT01
RFP-A1	6000	—	RFP-A1/DT01

说明:
1.设备选型参数表中参数为选型参数;风管、风口标注风量为计算风量值。
2.当系统中排烟风机入口处总管上防火阀在火灾工况熔断关闭时,风机及其相连锁的风阀关闭。
3.公共区送风口采用方形散流器下送风;回排风/排烟风口采用单层百叶,站厅层排风口设置在风管侧面,站台层风口设置在风管底部。
4.本图中阀门安装方向仅为示意,阀门安装方向以平面图为准。

图6.10 防烟分区1车站公共区通风空调和防排烟系统

建筑通风工程

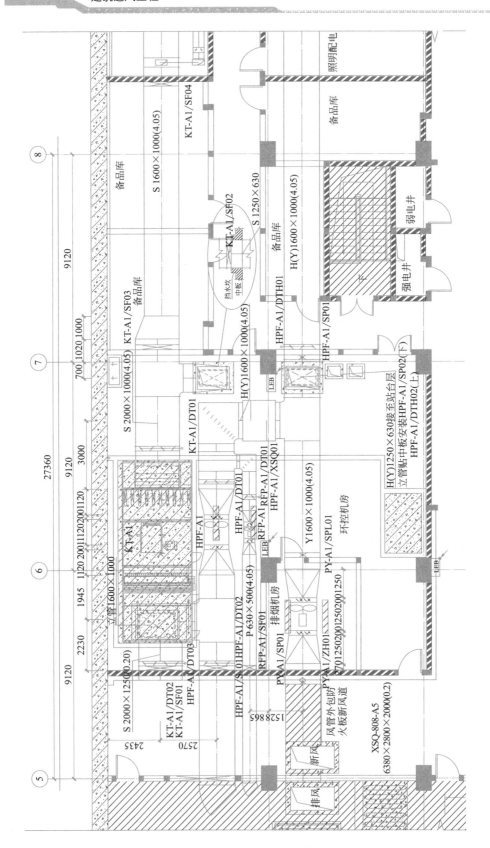

图 6.11 防烟分区 1 车站公共区通风空调和防排烟平面图

176

图中各符号含义 表6.5

设备名称	符号	设备名称	符号
电动组合风阀	DZ	排烟防火阀(280℃)	SP
站内隧道排热风机	TEF	防烟防火阀(70℃)	SF
电动多页调节阀	DT	隧道风机	TVF
耐高温电动多页调节阀	DTH	回/排风机	HPF
排烟风机	PY	消声器	XSQ

课后作业 🔍

一、预习作业（想一想）

1. 了解地铁内通风系统有哪些以及它们的作用。

2. 了解地铁通风系统的相关设备。

二、基本作业（做一做）

1. 整理本次课的课堂笔记。

2. 地铁列车在区间隧道运行过程中，隧道内的空气 CO_2 的日平均浓度不应（　　）。

A. 大于1.5‰　　　B. 大于1.3‰　　　C. 小于1.3‰　　　D. 小于1.5‰

3. 机械防烟系统和机械排烟系统，可与正常通风系统合用，合用的通风系统由正常运转模式转为防烟或排烟，运转模式的时间不应大于（　　）s。

A. 180　　　　B. 100　　　　C. 80　　　　D. 18

4. 车站设备管理用房车控室进风换气次数为（　　）次。

A. 3　　　　B. 4　　　　C. 5　　　　D. 6

5. 地下车站及区间隧道内必须设置防烟、排烟系统，（　　）可以不设。

A. 地下车站的站厅和站台　　　　B. 长度200m的区间隧道

C. 全封闭车道　　　　D. 防烟楼梯间和前室

6. 区间隧道事故、排烟风机、地下车站公共区和车站设备与管理用房排烟风机，应保证在280℃时能连续有效工作（　　）h。

A. 4　　　　B. 3　　　　C. 2　　　　D. 1

7. 地下车站和地上车站排烟风机在280℃应分别能连续工作（　　）h。

A. 1.0和1.0　　B. 0.5和1.0　　C. 0.5和0.5　　D. 1和0.5

8. 区间火灾排烟应按单洞区间隧道断面的排烟流速不小于2m/s，且高于计算临界烟气控制流速，但排烟流速不得大于（　　）m/s设计，并应保证烟气不进入车站隧道区域。

A. 5　　　　B. 7　　　　C. 9　　　　D. 11

9. 列车阻塞在区间隧道时的送排风量，应按区间隧道断面风速不小于2m/s计算，并应按控制列车顶部最不利点的隧道温度低于（　　）校核确定。

A. 35℃　　　　B. 45℃　　　　C. 50℃　　　　D. 55℃

10. 地下车站公共区当采用通风系统开始运行时，每个乘客每小时需供应的新鲜空气

177

量不应少于（　　）m³。

　　A. 12.6　　　　　　B. 30　　　　　　C. 35　　　　　　D. 40

　　11. 地下车站公共区当采用闭式运行时，其新鲜空气量不应少于（　　）m³。

　　A. 12.6　　　　　　B. 30　　　　　　C. 35　　　　　　D. 40

　　12. 地铁通风中，应优先考虑（　　）以节省大量的电力消耗。

　　A. 自然通风　　　　B. 机械通风　　　　C. 活塞风量　　　　D. 机械排风

　　13. （多选）地下车站站台、站厅火灾时的排烟量，应根据一个防烟分区的建筑面积按（　　）计算。

　　A. 1m³/（m²·min）　　　　　　　　　B. 3m³/（m²·min）

　　C. 120m³/（m²·h）　　　　　　　　　D. 60m³/（m²·h）

　　E. 2m³/（m²·min）

　　14. 简述地铁站通风空调开式系统和闭式系统的区别。

　　15. 根据车站隧道通风系统图，请说明隧道排热通风系统的流程。

附录

Appendix

线型及其含义　　　　　　　　　　　　　　　　　　　　　　　　附录表 1

名称		线型	线宽	一般用途
实线	粗	———	b	单线表示的管道
	中粗	———	0.7b	本专业设备轮廓、双线表示的管道轮廓
	中	———	0.5b	尺寸、标高、角度等标注线及引出线；建筑物轮廓
	细	———	0.25b	建筑布置的家具绿化等；非本专业设备轮廓
虚线	中粗	- - - -	0.7b	本专业设备及双线表示的管道被遮挡的轮廓
	中	- - - -	0.5b	地下管沟；改造前风管的轮廓线；示意性连线
	细	- - - -	0.25b	非本专业虚线表示的设备轮廓
波浪线	中粗	∿∿∿	0.5b	单线表示的软管
	细	∿∿∿	0.25b	断开界线
单点长画线		—·—·—	0.25b	轴线、中心线
双点长画线		—··—··—	0.25b	假想或工艺设备轮廓线
折断线		——／\——	0.25b	断开界线

注：图样中也可以使用自定义图线及含义，但应明确说明，且其含义不应与本表相反。

风道代号　　　　　　　　　　　　　　　　　　　　　　　　附录表 2

代号	风道名称	代号	风道名称
K	空调风管	H	回风管（一、二次回风可附加 1、2 区别）
S	送风管	P	排风管
X	新风管	PY	排烟管或排风、排烟共用管道

比例　　　　　　　　　　　　　　　　　　　　　　　　附录表 3

图名	常用比例	可用比例
剖面图	1∶50、1∶100	1∶150、1∶200
局部放大图、管沟断面图	1∶20、1∶50、1∶100	1∶25、1∶30、1∶150、1∶200
索引图、详图	1∶1、1∶2、1∶5、1∶10、1∶20	1∶3、1∶4、1∶15

风道、阀门及附件图例　　　　　　　　　　　　　　　　　　　　　　　　附录表 4

序号	名称	图例	附注
1	砌筑风、烟道		其余均为：
2	带导流片弯头		—
3	消声器消声弯管		也可表示为：
4	插板阀		—

序号	名称	图例	附注
5	天圆地方		左接矩形风管,右接圆形风管
6	蝶阀		—
7	对开多叶调节阀		左为手动,右为电动
8	风管止回阀		—
9	三通调节阀		—
10	防火阀	70℃	表示70℃动作的常开阀。若因图面小,可表示为: 70℃常开
11	排烟防火阀	280℃ 280℃	左为280℃动作的常闭阀,右为常开阀。若因图面小,表示方法同上
12	排烟阀		—
13	软接头	~	也可表示为 ⊠
14	软管	或光滑曲线(中粗)	—
15	风口(通用)	□ 或 ○	—
16	气流方向		左为通用表示法,中表示送风,右表示回风
17	百叶窗		—
18	散流器		左为矩形散流器,右为圆形散流器。散流器为可见时,虚线改为实线
19	检查孔测量孔	检 测 检 测	—

暖通空调设备图例　　　　　　　　　　附录表 5

序号	名称	图例		附注
1	轴流风机	─　或		—
2	离心风机			左为左式风机,右为右式风机

电子图纸

建筑通风工程防排烟图纸下载

安装视频

| 割刀使用说明 | 160 法兰软接
安装说明 | 160 调节 U 形
三通安装说明 | 160 调节斜
三通安装说明 | 160 弯头
安装说明 | 160 正三通
安装说明 |

| 160 直接安装说明 | PE 管变径
安装说明 | 灯笼卡
安装说明 | 110PE 主管
安装 | 万向管介绍
和裁剪 |

微课视频

| 汽车库平时
通风 | 风管的加工与
制作 | 地下室通风
系统识图 | 建筑防排烟
系统 | 排烟管道 | 新风管道
实训 |

| 房间的气流
组织形式 | 民用建筑
通风 |

参考文献

［1］中华人民共和国住房和城乡建设部.建筑设计防火规范（2018年版）：GB 50016—2014［S］.北京：中国计划出版社.2014.

［2］中华人民共和国住房和城乡建设部.建筑防烟排烟系统技术标准：GB 51251—2017［S］.北京：中国计划出版社.2017.

［3］中华人民共和国住房和城乡建设部.民用建筑供暖通风与空气调节设计规范：GB 50736—2012［S］.北京：中国建筑工业出版社.2012.

［4］中国建筑设计研究院有限公司.民用建筑暖通空调设计统一技术措施2022［M］.北京：中国建筑工业出版社.2022.

［5］陆耀庆.实用供热空调设计手册［M］.2版.北京：中国建筑工业出版社.2008.

［6］关文吉.供暖通风空调设计手册［M］.北京：中国建材工业出版社.2016.

［7］中华人民共和国交通运输部.公路隧道通风设计细则：JTG/T D70/2—02—2014［S］.北京：人民交通出版社.2014.

［8］中华人民共和国住房和城乡建设部.地铁设计防火标准：GB 51298—2018［S］.北京：中国计划出版社.2018.

［9］中华人民共和国住房和城乡建设部.地铁设计规范：GB 50157—2013［S］.北京：中国建筑工业出版社.2013.

［10］中华人民共和国住房和城乡建设部.汽车库、修车库、停车场设计防火规范：GB 50067—2014［S］.北京：中国计划出版社.2014.

［11］中华人民共和国住房和城乡建设部.通风与空调工程施工质量验收规范：GB 50243—2016［S］.北京：中国计划出版社.2016.

［12］中华人民共和国住房和城乡建设部.民用建筑通用规范：GB 55031—2022［S］.北京：中国建筑工业出版社.2022.

［13］中华人民共和国住房和城乡建设部.建筑防火通用规范：GB 55037—2022［S］.北京：中国计划出版社.2022.

［14］中华人民共和国住房和城乡建设部.暖通空调制图标准：GB/T 50114—2010［S］.北京：中国建筑工业出版社.2010.

［15］中华人民共和国住房和城乡建设部.通风与空调工程施工规范：GB 50738—2011［S］.北京：中国建筑工业出版社.2011.

［16］中华人民共和国住房和城乡建设部.消防设施通用规范：GB 55036—2022［S］.北京：中国计划出版社.2022.

［17］田娟荣.通风与空调工程［M］.2版.北京：机械工业出版社.2019.

［18］王汉青.通风工程［M］.2版.北京：机械工业出版社.2018.